四川省2021—2022年度重点图书出版规划项目
四川省科技计划资助（项目立项编号：2020JDKP0005）

激光聚变
——人类能源自由之路

李志民　张惠鸽　等◎编著

西南交通大学出版社
·成都·

图书在版编目（ＣＩＰ）数据

激光聚变：人类能源自由之路 / 李志民等编著. —
成都：西南交通大学出版社，2022.5
ISBN 978-7-5643-8675-7

Ⅰ.①激… Ⅱ.①李… Ⅲ.①激光聚变 – 普及读物
Ⅳ.①O571.44-49

中国版本图书馆 CIP 数据核字（2022）第 071555 号

Jiguang Jubian—Renlei Nengyuan Ziyou zhi Lu

激光聚变——人类能源自由之路

李志民　张惠鸽　等 **编著**

出 版 人	王建琼
策划编辑	李芳芳　李华宇　黄淑文　何明飞
责任编辑	韩洪黎　李芳芳
封面设计	曹天擎

出版发行	西南交通大学出版社 （四川省成都市金牛区二环路北一段 111 号 西南交通大学创新大厦 21 楼）
邮政编码	610031
发行部电话	028-87600564　028-87600533
网址	http://www.xnjdcbs.com
印刷	成都市金雅迪彩色印刷有限公司

成品尺寸	160 mm × 215 mm
印张	20.25
字数	223 千
版次	2022 年 5 月第 1 版
印次	2022 年 5 月第 1 次
书号	ISBN 978-7-5643-8675-7
定价	68.00 元

本书编著组

组　　长　　李志民

副 组 长　　张惠鸽

编写人员　　程　功　邓　颖　张　锋

　　　　　　黎　航　雷海乐　王　峰

　　　　　　郑建华

技术指导　　谷渝秋　粟敬钦

聚变是宇宙恒星发光发热的能量之源。从原理上讲，聚变可为地球提供几乎无限的清洁能源，因此，在实验室条件下实现可控核聚变就成了人类长期以来的梦想和追求，然而其科学和技术挑战远远超过科学家们的预期。为赢得这一挑战，人们从不同的技术路线开展了大量研究工作，其中主要包括磁约束聚变和激光惯性约束聚变。经过一代代聚变科学家和工程师的努力，聚变科学技术在诸多方面都取得了重大突破，目前已进入"聚变点火"的关键攻关期。

激光惯性约束聚变（通常简称为激光聚变）思想是20世纪60年代由苏联科学家巴索夫和我国科学家王淦昌分别独立提出的，至今已经一个甲子。在这一个甲子内，多国科学家一直都在积极探索和推进相关科学和工程技术的发展。但是，随着激光聚变研究的深入，科学家们发现，这项行走在科学边缘的研究挑战着各种极限：包括材料极限、诊断极限、计算极限等，遇到了一些十分艰难的瓶颈问题。于是，这种可能解决世界能源和环境问题的"灵丹妙药"，又似乎总离我们30年之遥。公众便在"托起人间的太阳"重大进展的报道和30年之遥中陷入困惑。

对于科学家而言，他们在思考如何进一步精准认识并有效控制激光聚变中的各种不稳定性，从而一步步基于获得的科学认知进行创新突破，逐步推进技术进步并最终实现聚变点火，从而更近一点靠近聚变能源。而在理想的追求中，努力去提高广大公众的科学素养也应该是科学家们义不容辞的责任。因为科学家具备科学理论知识基础、具有专业背景，再加上一些大众传播的技巧，可以很好地开展激光聚变领域的科普工作，让公众更好地理解为解决人类最终能源而进行的这项伟大事业。

习近平总书记说过："科技创新、科学普及是实现创新发展的两翼，要把科学普及放在与科技创新同等重要的位置"。基于此，中国工程物理研究院激光聚变研究中心这个国内专业从事聚变研究工作的研究所组织研究人员撰写了这本科普书，它描述了令人振奋的科学技术、令人着迷的研究历史以及人类寻求利用星球能源的关键，令人欣喜。该书抛开烦琐复杂的物理公式和推算，以尽可能简单和直观的语言、形象贴切的比喻来解释相关科学技术概念，描述激光聚变这一包括科学探索的大科学系统工程，同时还对激光聚变研究在未来聚变电站以及实验室极端条件下开展科学研究所发挥的价值进行了描述，对激光惯性约束聚变未来的发展进行了展望，具有较好的科学性、知识性、可读性和趣味性。即便没有深厚的科学研究背景，只要有基本的物理知识并对科学感兴趣的读者，都可以从中得到收获，发现激光聚变研究的重要意义。

20世纪70年代，苏联伟大的物理学家列夫·阿齐莫维奇就写道："当人类需要时，热核聚变能就能准备好"。为激光聚变事业奋斗大半生的我，坚信未来激光聚变能源一定会成为现实。希望通过阅读此书，有更多的有志青年能够加入这一追逐终极能源的研究行列，做新时代的"夸父"。

中国科学院院士、理论物理学家

贺贤土

2022-05-03

前言

　　自从发现太阳发光发热的能量来源于其内部核聚变以来，人们就开启了在地球上制造"人造小太阳"的研究，至今这样的研究已有近百年历史。在百年漫长岁月里，科学家们探索了各种实现聚变的路径和方法，包括冷聚变、气泡聚变、μ介子催化聚变、磁约束聚变、惯性约束聚变等，经历了无数次希望点燃的兴奋、期望受挫引发的沮丧。但他们并没知难而退，反而愈挫愈勇，迎难而上，不断总结经验教训，以勇往直前、开拓创新的科学精神不断向新的高峰发起冲击。经过长期的探索和研究之后，科学家们认为，惯性约束聚变和磁约束聚变的路径最有可能实现可控核聚变，为人类提供无限的清洁能源，从而实现能源自由。

　　惯性约束聚变是在极短的时间内把大量能量注入到一定量的聚变燃料上，使燃料的温度和密度极大地增大达到聚变点火条件，并在燃料尚未飞散之前（即利用燃料高温等离子体向内运动的惯性）发生聚变燃烧，进而释放大量聚变能。惯性约束聚变有可控与不可控之分，用于能源开发的必须是可控惯性约束聚变，即通过产生可控的"微型纯聚变"释放能量。

　　对于可控惯性约束聚变，科学家们曾为寻找"时间极短、能量极大"的、驱动微量聚变燃料发生聚变的合适能量源，费尽心思而不得其法，直到1960年发明了激光。激光良好的单色性、相干性和方向性以及极高的能量密度，是压缩并加热聚变燃料产生聚变反应的理想驱动能量源。我们将使用激光作为驱动能量源实现聚变的方法称为激光惯性约束聚变，简称激光聚变。

在人类目前的认知范围内，聚变能源是地球上唯一可使人类实现能源自由的能源，激光聚变是有望获得聚变能源的主要途径之一。60年来，聚变科学家和工程师们投入了极大的热情和智慧，攻克了一个又一个难关，使激光聚变研究不断取得重大进展，现在距摘取"点火"这一聚变研究领域的桂冠仅一步之遥，但要真正达到持续聚变并获得聚变能源还面临巨大的科学技术挑战。这项艰巨而伟大的事业，不仅需要聚变科学家和工程师们锲而不舍的努力，也需要全社会公众的理解和支持，更需要青年才俊的不断加入。所以，我们编著这本科普图书的目的就是：宣传激光聚变事业，使公众了解激光聚变研究的重大价值和深远意义，获得大众对这一伟大事业的理解和支持；普及科学知识，培养和激发青少年对激光聚变研究的兴趣；系统完整地介绍激光聚变研究及其应用，使大学生、研究生读者了解其重大科学技术价值和面临的巨大科学与工程挑战，吸引更多有志于激光聚变研究的青年科技才俊加入这一伟大的事业；同时，也可供从事聚变研究的科技人员参考，有助于研究工作取得进展。

为高质量地完成本书的编著，中国工程物理研究院激光聚变研究中心专门成立了创作组，成员包括李志民研究员、张惠鸽副研究员、程功助理研究员、邓颖副研究员、张锋副研究员、黎航副研究员、雷海乐研究员、王峰研究员、郑建华助理研究员、谷渝秋研究员和粟敬钦研究员，由李志民担任组长、张惠鸽担任副组长。创作组的具体分工是：李志民负责项目立项以及图书的策划、组织、统稿和通审工作，张惠鸽负责第1章和第10章编写及图书出版工作，程功负责第8章编写，邓颖负责第4章编写，张锋负责第2章和第9章编写，黎航负责第3章和第6章编写，雷海乐负责第5章编写，王峰和郑建华负责第7章编写，谷渝秋和粟敬钦负责全书的技术指导。

本书是创作组成员在广泛收集和研读大量公开发表和出版的有关论文、报告和著作基础上，根据多年从事激光聚变研究的经验、认知和成果，采用高级科普读物的写法撰写而成，既保证了其科学性和严肃性，又具有通俗性和可读性。本书比较完整、系统地介绍了聚变研究的历史和进展、激光聚变原理和实现方法、激光聚变研究的"五大支柱"（即理论模拟计算、驱动器设计制造、靶设计制造、实验研究和实验诊断）、激光聚变能源研究、激光聚变在前沿基础科学研究中的应用，并对激光聚变研究的未来进行了展望。

本书获得了四川省科技厅"四川省科技计划（项目立项编号：2020JDKP0005）"的支持和资助，我们在此表示衷心感谢。

我们要特别感谢被誉为中国惯性约束聚变当代领路人的贺贤土院士，他在百忙之中为本书撰写了序，这不仅是对从事激光聚变研究事业的科研人员的亲切鼓励，更是对创作组成员的极大鼓舞。我们要感谢激光聚变研究中心主任张保汉研究员，他对创作组的工作给予了精心指导和大力支持，为本书的顺利完成提供了保障。最后，我们还要感谢西南交通大学出版社，他们为本书的出版工作付出了大量辛苦而高效的努力。

因知识水平和涉猎的资料局限，本书难免会有不足、疏漏之处，敬请读者批评指正。

李吉龙

2022-05-06

目录

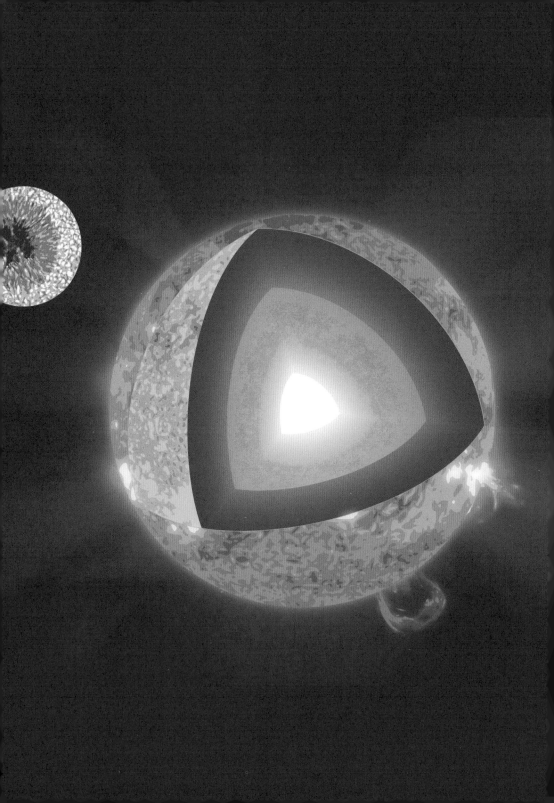

聚变和激光聚变研究的由来

聚变，是核聚变（Nuclear Fusion）的简称。虽然人类研究聚变并追求在地球上实现聚变已有近百年的历史，至今仍然未能完全掌握和驾驭它，但它却是宇宙中最普遍存在的现象，也是宇宙万物的能量源泉。

1.1　宇宙起源与太阳形成

要弄清聚变的来龙去脉，就不得不从宇宙起源说起。在漫长岁月中，人类最早认识宇宙是从抬头看天开始的。一些热爱科学、喜欢探索的先辈们，孜孜不倦地观察星星、太阳和月亮，思考它们与我们赖以生存的地球的关系，并根据生活经验和一些观测推算，尝试建立解释这些存在关系的理论。16世纪，波兰科学家哥白尼（Nicolaus Copernicus）提出"日心说"，意大利科学家布鲁诺（Giordano Bruno）提出太阳仅是太阳系中心而非宇宙中心。然而，这些绚烂的科学思想却触犯或颠覆了神学观念，提出这些重大科学进步思想的人也因此遭到迫害。

其实，最初人们观察到满天繁星静止于无垠的宇宙中，便以为宇宙是静止的。就连英国著名科学家、物理大牛牛顿（Isaac Newton），在17世纪末期，也认为宇宙是静止的，尽管他利用他的万有引力理论无法对此给予合理的科学解释从而让上帝为他背了书。20世纪初，出生于德国的伟大科学家、被誉为"世纪伟人"的爱因斯坦（Albert

Einstein）创立了相对论，其中有一个非常重要的认识就是能量和质量是可以相互转换的：$E=mc^2$，其中，E 为能量，m 为物质静止时的质量，c 为光速（常量）。根据这个质能方程式，既然质量和能量之间可以相互转换，那么能量（即光子）也应该像物质一样受万有引力控制，自然也会朝着引力场的方向弯曲，从而增加光子的传播距离，这在 1919 年人类观测日全食中得到证实。光在宇宙中的传播速度是常量、是恒定不变的，而且在传播过程中又因物质引力场的影响会发生空间弯曲，那么根据速度等于距离除以时间的公式推算，时间也必须是可以改变的。也就是说，在爱因斯坦相对论中，时间和空间是可以伸缩的。爱因斯坦巧妙地把一维时间和三维空间缝织起来，时空混合、伸缩有序，太神奇了。爱因斯坦眼中的宇宙、天体是动态的，但是他仍然认为宇宙是一个动态下静止的宇宙。这使得人类关于宇宙的解释虽然不完美，但确实也跨越了一个大台阶。

1929 年，美国著名的天文学家哈勃（Edwin Hubble）用望远镜观测几百万光年外星系的光谱时，发现特定原子的光谱频率都降低了。多普勒效应理论表明，星系正向远离地球的方向移动，因此宇宙应该在不断地膨胀中。宇宙的膨胀给出的信息是，明天的宇宙比今天大，今天的比昨天大，昨天的比前天大……一直追溯下去，终会寻找到那么一天：宇宙体积小到无限小、时空曲率无限高、密度达到无限大的点，也就是今天所说的引力奇点。宇宙就是从这个点的大爆炸后膨胀而形成的。据推算，产生大爆炸的时间是 138 亿年前的某一天。那一天，应该就是我们宇宙膨胀的起始点，也就是宇宙诞生日。大爆炸后，经过 138 亿年的演变，就形成了我们现在观察到的无边无际的宇宙。这就是目前能够被普遍接受的"宇宙起源于大爆炸"的理论。

我们知道，宇宙是由无数个大大小小的星系组成，而星系主要是由恒星和行星以及其他一些天体构成。那么，恒星究竟是怎么形成的呢？

138亿年前，随着"膨"的一声大爆炸，太空无边际的能量场发生了一次震动。大爆炸首先产生的振动波是光，随着时间流逝，振动波能量降低，太空温度也慢慢降低，光子之间开始发生碰撞，产生了强子（强子曾经被看作基本粒子，随着基础物理学的发展，人们认识到强子是一种亚原子粒子，它包括重子和介子，而重子和介子是由更基本的夸克、反夸克和胶子组成的）及轻子（例如：电子及中微子等）。接下来振动波继续扩散，温度持续降低，能量密度也开始降低，更多的光子互相碰撞产生正反强子与轻子。由于时空连续性不够稳定，产生的正反强子与轻子在之后的湮灭过程中，有一部分正粒子保留了下来，构成了目前的可见宇宙物质。再往后，振动波持续扩散，大爆炸继续演变，温度继续降低，正粒子逐渐演变为质子、中子及电子等基本粒子，它们分散并弥漫在茫茫太空中。这些基本粒子纷纷相互结合，形成原子。其中，多个质子或中子结合的概率远小于两个质子或者单个质子和中子结合的概率，所以绝大部分原子是氢原子和氦原子，然后形成氢气和氦气并进一步形成气体云。氢原子因为只有一个质子和一个电子，结合起来更容易，所以宇宙中氢气的数量远大于氦气，氢分子云占了气体云的大部分。这些氢气体云因不均匀的热运动，导致部分地方气体分子密集，出现一些抱团的分子团，即空间分子云，并逐渐演化成更大的气体云团。随着气体云团质量不断变大，引力也不断增大，于是大气团不断吞噬周边氢气及小气团，直到周边再也不存在可以吸引和吞噬的对象为止。大气团吞噬的氢气随着质量增加引力也不断增加，在这个过程中，气团聚集的速度从开始的缓慢收缩到越来越快地坠落到气团中心。气团中心区域收缩的速度要比周边更快，中心体积越被压缩，气团中心核心区域的质量密度就越大，氢气分子之间的距离就越近；距离越近，引力就越大。这些气团的引力能转变成动能，随着坠落速度越来越快，气团分子之间开始碰撞得越来越剧烈。动能通过碰撞转换为热能，气团核心温度开始上升，越来越多的气体高速旋转着掉入中心区域。经过很长一段时间，由重力收缩产生的高压以及角动量旋转产生的高温使中心核球开始发光。当温度压力满足一定条件，达到一定阈值（温度达到数千万摄氏度或数亿摄氏度，原子能够被一定强度的压力束缚在一起）时，氢核聚变就诞生了。核聚变产生的爆炸将周围气体驱散，压力随之减弱，气体团略微膨胀，温度降低，于是气团又重新聚拢，再次发生聚变。经历N次爆炸—膨胀—减弱—重新聚拢—再爆炸的循环，最后膨胀的力量（聚变能）和引力的博弈逐渐达到平衡，维持气团结构不膨胀也不再压缩，大的震动不再发生。这种靠不停爆炸与引力维持平衡的气团，就是恒星。

太阳，就是宇宙无数恒星中的一颗，同样也是这样形成的。根据恒星演化的计算机模型和核宇宙年代学估算，太阳的诞生大约是在46亿年前。图1-1和图1-2分别是万有引力作用下氢向气团中心集聚的示意图和美国宇航局拍摄的太阳图片。

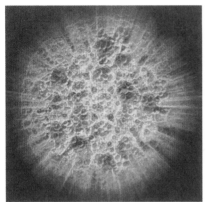

图1-1　万有引力吸引着氢往核心聚集　　　图1-2　美国宇航局拍摄的太阳

1.2　太阳能量来源

　　太阳从诞生到现在，以它内部剧烈核聚变产生的光和热滋养着地球，使地球和生物不断缓慢演变和进化，于是就有了今天江河奔流、风生云涌、四季鲜明、万物生灵的美好景象。那么，太阳内部剧烈的热核聚变究竟是怎么发生的，为什么会持续不断地发光发热并为地球源源不断提供能量呢？

1.2.1　关于太阳能量来源的学说

　　前面所述已明确告诉我们，太阳之所以能够将能量源源不断地供给地球，是因为其内部持续不断地发生着核聚变。但人类认识到这一点却经历了漫长的科学与非科学之争以及百折不挠的探索。人们先后提出了"燃烧说""流星说""收缩说"等假说，但都无法圆满而科学地解释太阳能量来源，直到"聚变说"的提出。

燃烧说：在科学知识非常缺乏的早期，人们通过观察身边诸如木材、煤炭等物质的燃烧，提出了"燃烧说"。最初人们认为太阳就是一个巨大的燃烧着的火炉，通过燃烧它内部的可燃物（诸如碳、煤等）发出光和热。后来随着科学的发展，人们通过测量发现太阳表面温度高达6000 ℃，而以碳为主燃料的可燃物和氧发生化学反应，无论如何达不到这样的高温。任何一种已知的化学反应，都不可能发出像太阳辐射出的那种巨大能量。而且，按照"燃烧说"来推算，即便太阳质量是地球的33万倍（2×10^{27} t），它也只能燃烧2000年左右，然后寿终正寝，而这又与太阳已经存在46亿年的事实严重相悖。也就是说，"燃烧说"是不成立的。

流星说："燃烧说"在科学观测面前无法立身后，人们又提出了太阳能量的另一种来源假说。人们认为在太阳周边会有很多流星，它们以宇宙速度撞击太阳，流星的动能转变为太阳的热能，用来维持太阳巨大的能量辐射。实际上，的确会有流星撞击太阳，但是太阳周边并没有多少流星，撞击太阳的那些流星带来的能量，相对于太阳海啸般的能量，连沧海一粟都谈不上。况且如果"流星说"假设成立，那么46亿年来，不断撞击的流星必然导致太阳质量的增加，但根据人类对太阳系八大行星位置和引力的测量，发现它们并没有发生变化，因此太阳质量也没有发生显著改变。"流星说"也不攻自破。

收缩说：1854年，德国天体物理学家亥姆霍兹（Hermann von Helmholtz）提出了太阳"收缩说"，把寻找太阳能量来源的途径转到了科学角度。该学说认为，当太阳这个气团球发射巨大能量辐射后必定要冷却而收缩，气团分子在收缩过程中向太阳中心坠落，它们在坠落过程中不断将引力势能转化为太阳的光和热，并引起温度上升，维持巨大能量辐射来源。但按照这种推算，太阳寿命最多不会超过5000万年，这和已知的太阳已经46亿年的年龄相差甚远，因此"收缩说"也不能成立。

聚变说：太阳能量来源于核聚变的科学认知经历了三个阶段。第一阶段，就是1905年爱因斯坦提出了著名的质能方程，该方程推断质量可以转化为能量。第二阶段，1915年左右，英国科学家弗朗西斯·阿斯顿（Francis Aston）利用他发明的质谱仪对原子质量进行了精确测量，结果表明：4个氢原子质量略大于氦原子的质量，也就是说氢原子聚合成氦出现了质量亏损。1920年，英国著名天体物理学家亚瑟·爱丁顿（Arthur Eddington）基于质能方程和质量亏损这两个关键结论，在英国科学促进协会会议上发表了具有前瞻性的陈述："如果一个恒星初始质量的5%是由氢组成，而这些氢逐渐结合形成更复杂的元素，释放出的总热量远超过我们的期望，那么我们就不需要进一步寻求这个星球能量的来源"。他言下之意就是，太阳的巨大能量是靠内部的氢原子结合成更复杂的元素而释放出来的。这在当时还不了解原子核的内部结构和质能亏损反应机制条件下，该是多么不同寻常。1932年，英国著名物理学家、化学家卢瑟福（Ernest Rutherford）及其合作者，通过氘氘聚变发现了氚和^{3}He。第三阶段，1938年，美国物理学家贝特（Hans Bethe）和德国天文学家魏扎克（Weizsacker）在这些科学认识的基础上，比较系统、全面地对太阳辐射能量来自内部核聚变的现象进行了解释，明确指出太阳内部氢聚变为氦的聚变反应是太阳辐射的真实能量来源。1939年，贝特通过对太阳光的光谱分析，了解到太阳的物质构成组分为：90%是氢原子，9%是氦原子，1%是碳、氧、氮、氖以及微量重元素，并由此准确计算出了"氢聚变成氦"这个热核聚变反应过程是太阳辐射能量的来源。至此，关于太阳能量来源的"聚变说"得以完整的建立，并且被之后获得的大量观测事实所证明。贝特也因用核反应理论解释恒星的生成而获得了1967年的诺贝尔奖。

1.2.2　太阳内部聚变燃烧机制

由上可知，太阳中心释放的聚变能使太阳发光发热并给地球提供源源不断的能量。然而，这个聚变究竟是怎么发生的呢？

我们知道，核聚变是将两个轻原子核结合在一起变成较重原子并释放大量能量的过程。但是要想产生聚变反应，第一步必须使两个轻原子核拉近到核力可以发挥作用的距离。物理学常识告诉我们，原子核半径是 $1 \times 10^{-13} \sim 1 \times 10^{-12}$ cm，如果两个核能靠近到小于或等于原子核半径的距离，它们之间由于短程力——核力的存在就会相互吸引，巨大的核力将两个原子核结合成质量更大的原子核。但是要想使两个核靠得如此之近，却非常困难。因为原子核带正电，两个原子核之间的正电导致同性电荷因静电库仑力作用而相斥，存在巨大的势垒，彼此就很难接近到核力能够发挥作用的短距离。

自然界真的很奇妙，一个问题抛出来，解决这个问题的方式和方法就会涌现，正可谓"一物降一物"。两个原子核之间的斥力导致它们无法相互靠得太近，那么可否施加外力呢？当然可以。我们知道，温度越高，粒子运动速度越快，速度越快，意味着原子核具有越大的动能，这样它们就可以通过快速撞击克服相互之间的斥力，从而穿越势垒而结合。另一方面，在一定体积内的原子核数量越多，即原子核密度越大，它们相互之间碰撞发生聚变反应的概率就越大。最后还有一个条件就是这些原子核还必须被控制在一个固定的空间内保持足够长的时间，它们才有足够的机会碰撞聚合到一起。这就是核聚变反应发生的三大条件：物质温度足够高、密度足够大和约束时间足够长。

而太阳本身就具备这些得天独厚的条件。首先，在太阳内部充满了大量的轻原子——氢，提供了核聚变的先天土壤；其次，太阳内部大约1.5×10^7 ℃的高温，将氢原子的电子剥离原子运行轨道，成为单独的带正电的原子核和带负电的电子，从而形成由带正电的原子核和带负电的电子组成的等离子体；然后，太阳内部的巨大引力不断吸引氢等离子气团塌陷、发热，导致温度和密度越来越高，同时这个过程不停歇地持续了亿万年之久。因此，氢原子核在太阳中心存在的高温、高密度环境下，不断相互碰撞。两个氢原子核（两个质子）可能因为高速撞击而撞碎并重组，形成氘核（氢的一种同位素），释放一个正电子（一个具有与电子等量的电荷和性质，却携带正电荷的粒子），同时释放能量。与此同时，氘核又撞上了另一个质子，形成^{3}He，再度释放能量。当两个^{3}He相互碰撞时，它们发生聚合，形成^{4}He，又释放两个质子和大量能量。这个质子-质子链聚变过程把4个氢原子变成了^{4}He，并释放出了大量的能量。太阳内部核聚变过程具体反应式见图1-3。根据贝特的推算，太阳内部在进行上述核聚变过程时，还有少量的碳、氮和氧也包含在与质子-质子链反应有相同结果的

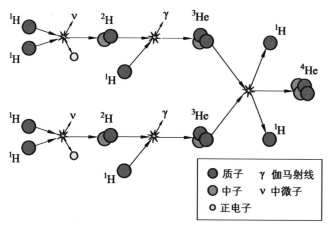

图1-3 太阳中氢转变成氦并释放能量的反应式

一种循环中：这种过程也将4个氢原子转化为^{4}He原子，同时释放大量的能量。核聚变反应放出的能量比起氢氧结合燃烧成水的化学反应所释放的能量要大1000万倍左右，这就是为什么我们的太阳能够释放出如此巨大能量的缘由。

太阳内部核聚变一旦开启，必须有足够的燃料才能持续运转。现在，太阳正处于其主序阶段（即太阳"壮年"阶段）的正中期，该阶段，太阳核心的核聚变反应将氢聚变成氦，太阳每秒钟要烧掉6.57×10^8 t氢，但同时产生6.53×10^8 t氦，两者相差的质量为4×10^6 t，即在太阳内每秒钟有超过4×10^6 t的物质转化为能量，并产生中微子和太阳辐射。按照这个速度，太阳到目前为止已将其约100倍于地球的质量转化成能量了，约为太阳总质量的0.03%。太阳作为主序星的时间大约有100亿年，也就是说，太阳在约54亿年后将结束主序星阶段。到那时，由于太阳没有足够的质量来爆炸形成超新星，它将在退出主序列后开始变成红巨星（恒星燃烧到后期所经历的一个较短的不稳定阶段，表面温度相对较低，但因体积巨大而极为明亮）。此时，太阳的核心开始崩塌，其最外层的直径将扩大到目前的260倍左右，将吞没水星、金星和地球。最终，太阳核心的温度升高到足以使氦发生聚变。随着氦耗尽生成碳，这颗恒星还会使越来越重的燃料（碳、氧、硅、硫）聚变，最终形成稳定元素铁（Fe）。铁原子序数是26，在自然界中是原子核最稳定的元素。原子序数大于26的元素，主要以裂变释放能量向原子核呈稳态的元素演化，原子序数小于26的元素主要以聚变释放能量向原子核呈稳态的元素演化，如图1-4所示。这个过程中，太阳核心的聚变反应将会变得越来越弱。与此同时，太阳的外层物质会散逸到太空，剩下的部分变成了白矮星（一种演化到末期的低光度、高密度、高温度的恒星，主要由碳和氧构成，外部覆盖一层氢气与氦气，颜色呈白色、体积比较小）。从太阳散逸出去的外层物质形成了新一代的行星状星云，将组成太阳的一些物质返还给星际空间，然后开始孕育下一代的恒星和"后太阳系"，太阳就此寿终正寝，尸骨无存！

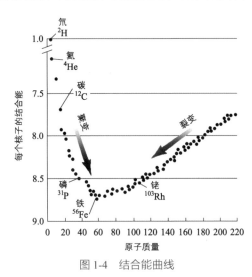

图1-4　结合能曲线

1.3　人造太阳的梦想

太阳是太阳系的中心，是太阳系中最大的一个天体，直径是地球的109倍，质量是地球的33万倍，其外层构造较复杂，具体可见图1-5。太阳的核聚变主要发生在内核，聚变产生的能量从太阳内核传输到表面，大概需要花100万年的时间，最后经过一个处于高温的等离子体液面，以360°无死角向地球和宇宙空间发射出去。据科学家推算，太阳辐射的能量其功率有3.8×10^{23} kW，大致相当于每秒有100亿枚1000万t TNT当量的氢弹同时爆炸（TNT是炸药的一种，它通过化合物的分解反应而瞬时释放能量，平均1 kg TNT炸药放出的能量为4.19 MJ。核爆炸的威力习惯上用释放出相同能量的TNT炸药质量或者叫TNT当量来度量）。在这么巨大的能量中，究竟有多少辐射到我们人类赖以生存的家园——地球上了呢？其实，地球只接受了太阳辐

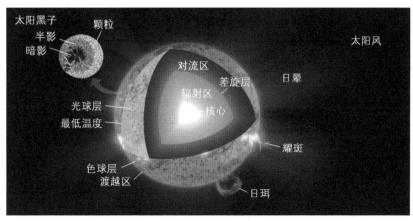

图 1-5　太阳结构示意图

射总能量的二十亿分之一，大概估算一年中接受1.5×10^{18} kW·h，即5.4×10^{24} J的能量，约为全世界年消耗能源的3万倍。但这些能量中，有30%被地球大气层反射回去，23%被地球大气层吸收，仅仅只有47%到达地球表面，也就是说地球上接受的太阳功率密度大约是1.4×10^{3} kW/m^2。这看起来不是很大，但相当于太阳每秒照射到地球上的能量约为5×10^{6} t煤当量，如果考虑太阳长年累月对地球输入的能量，那是非常可观的。正是太阳提供的这些能量，滋养了地球万物，使之成为一个如此多样而又富有生机的世界，为人类创造出了如此美好的自然环境和生活环境。

然而，随着人类社会的不断发展，人口数量大幅度增长、科学技术快速进步、生活水平越来越高，对能源的需求也就越来越大，能源问题已成为了悬挂在人类头顶上的"达摩克利斯之剑"。

目前地球上的能源主要有三类：一是来自地球外部的太阳能；二是来自地球内部的热能和核能；三是来自地球与其他天体（含太阳）相互作用产生的能量。太阳能，除了每日给予我们头顶上的灿烂温暖外，地球上储备丰富的煤炭、石油、天然气等化石能源实质上也是通过古代生物固定下来的太阳能。这些古生物通过光合作用把太阳能转变成化学能贮存在植物体内，又通过地质变化埋藏在地下，经过数百万年或者上亿年的转化，成为今天可供我们开采使用的能源，这就是地球上鼎鼎有名的能源"三剑客"。地球内部的热能，据考证是46亿年前，太阳从原始星云形成后，因为太阳风吹散的星云相互碰撞，导致动能转化成了热能，而地球就是在这些相撞中吸收了大量的热能，并储存在了地核中。用于裂变电站生产核能的超重元素核燃料（如铀）则来源于地球形成初期获得的星际物质，其数量非常少。而风能、海洋能（主要包括潮汐能、波浪能、温差能、潮流能、海流能、盐差能等）皆来自太阳辐射或者太阳、月球以及其他星球的引力等。可以毫不夸张地说，人类所需要能量的绝大部分都直接或者间接来自太阳。

首先我们来看能源"三剑客"。目前，煤炭、天然气、石油（统称为化石能源）合计占全球能源总量的85%，这些能源并不都是值得开采或能够开采的。据统计，近几十年来，世界能源消耗量大约每10年增加1倍，按现在的增长率预测，假定2025年世界能源消耗功率为 2.69×10^{13} W，那么所有化石能源只能用300年。当然，你会说除了"三剑客"，我们还有风能、水能、海洋能、太阳能、地热能等可以依靠呢。是的，它们的确在以不同的方式补充到以"三剑客"为主的能源消耗系统中，但其总计占比也只有15%左右，并且还存在很多问题。例如：太阳能，必须采用太阳能储能设备，而这些储能设备需要巨大投资，但收益却非常小；风能、水能、潮汐能等不仅受地域限制，更是"看天吃饭"的能源类型；水电站特别是大型水电站，投资效率较高，但可利用的水资源并不多，产出有限。所以说，人类头顶上的"达摩克利斯之剑"摇摇晃晃，让人真是心惊胆战。在能源的终端，如果没有新的能源方式出现，那么机器将会停摆，生产和社会关系将会产生崩溃，地球上的人类可能瞬间回到原始社会。

那么，这把"达摩克利斯之剑"如何才能去除呢？聪明的科学家从爱因斯坦伟大的质能方程上看到了希望。基于质量与能量可以相互转换的原理，重元素裂变、轻元素聚变都可以给我们提供新的能源，从而预防能源枯竭。

人工控制重元素裂变放能的可行性在1942年由美籍意大利裔物理学家恩里科·费米（Enrico Fermi）给出了漂亮的回答。他在芝加哥大学的一个壁球馆建造了一座核反应堆，反应堆的核心就是一个受控链式反应区。费米和他的同事利用石墨、氧化铀、中子吸收棒这些组合，成功地实现了自持核反应，从而将人类引领到了裂变电站的建设中。由于裂变产生的能量非常大，1 kg ^{235}U裂变放出的能量相当于 2.7×10^6 kg标准煤燃烧放出的能量，于是，裂变核电站逐渐成为世界各国能源关注的焦点。1951年12月，美国的实验增值堆1号首次利用核能发电；1954年6月，苏联建成了世界上第一座核电站，首次向电网送电。从此，美国、苏联（俄罗斯）、英国、法国、加拿大、日本、中国等许多有相关科技实力的国家先后建造了大量的裂变核电站，使其成为国家能源战略的一部分。但是，由于裂变核电站使用的主要核燃料"铀"资源非常有限，再加上裂变电站核废料的处理非常困难、有可能产生环境污染以及可能存在后果严重的核安全等问题，大规模发展裂变电站也受到了限制。因此，裂变核电站虽然能够补充能源供给，但也不能一劳永逸地解决能源问题，只能作为核能利用的中间阶段。

核裂变和核聚变是双生子，既然重元素裂变也无法彻底解决人类的能源问题，那么核聚变呢？人们从太阳源源不断提供能源中得到启示，我们是不是可以在地球上造出"小太阳"来满足人类对能源的需求呢？人造小太阳需要的燃料——氢，在地球上取之不竭、用之不尽，如果成功，那么人类就可以一劳永逸地解决能源问题。到那时，头顶悬挂的"达摩克利斯之剑"也就可以安然入鞘了。这是多么美好的愿景啊！于是，人造太阳的逐梦之旅从此开启。

其实，人类以科学的方式追逐人造太阳的梦想，可以追溯到1920年亚瑟·埃丁顿做出"太阳的巨大能量是靠内部的氢原子结合成更复杂的元素而释放出来的"推测时，他进一步预言："……那么这似乎就意味着距实现可控的、有潜力的能源的梦想更靠近一些，这种能源将使人类能够继续生存——否则就会灭亡"。随后，卢瑟福提出能量足够大的轻核碰撞后可能发生核聚变反应。1929年，英国的阿特金森（R. Atkinson）和奥地利的奥特斯曼（F. G. Houtersman）联合撰文证实了氢原子聚变为氦的可能性。为了让发生聚变的原子核克服斥力而相互靠近，1930年，剑桥大学卢瑟福实验室的约翰·克罗夫特（John Cockroft）和欧内斯特·沃尔顿（Ernest Walton）设计建造了能产生几十万伏电压的加速器，通过加速原子核达到引发核聚变需要的能量。他们利用加速的氘核去轰击含氚的固体靶来产生核聚变，但是很快发现这种方法行不通，因为当氘核打到靶上时，大部分能量消耗在与靶中电子的碰撞上，能够发生聚变的概率太小。还有一些科学家，希望利用两束高能氘核对撞实现聚变，很快发现也行不通，因为氘核在束中平均自由程很大，两束氘核几乎完全透明，要使对撞发生，氘核束的密度必须很高，但是很高密度的氘核束很难获得，而且两束氘核相对碰撞时，由于氘核间多次库仑力散射导致氘核发生方向偏转，很难发生聚变碰撞。

在用氘核碰撞实现聚变的尝试纷纷行不通时，科学家们把注意力转向如何实现发生核聚变反应的必备条件上来，那就是高温、高密度及约束时间。如果我们把氘和氚的气体加热到几千万摄氏度或者上亿摄氏度的温度时，氘氚气体就成为了高温等离子体。当等离子体温度达到 $1 \times 10^8 \sim 2 \times 10^8 \, ^\circ\text{C}$ 以获得充分的能量，且有足够长的时间将其约束在一定的空间内或者密度提高到非常致密的状态时，就可以保障有足够多的原子核发生聚变。这种在高温等离子体中进行的聚变反应称之为热核反应。

由于热核反应等离子体温度极高，任何实物容器都无法承受如此高的温度，因此必须采用特殊的方法将高温等离子体约束住。太阳及其他恒星是靠巨大的引力约束住约$1.5 \times 10^7\,^\circ\text{C}$的等离子体来维持聚变反应的。而地球上根本没有这么大的引力，只有通过把低密度的等离子体加热到更高的温度或者把等离子体的密度压缩到非常致密的程度来引起聚变反应。这就形成了目前热核反应聚变研究的两种途径，即磁约束聚变（Magnetic Confinement Fusion，MCF）和惯性约束聚变（Inertial Confinement Fusion，ICF）。

1.4 艰难曲折的磁约束聚变探索之旅

在人造太阳的梦想召唤下，许多著名、优秀的科学家摩拳擦掌、纷纷投入核聚变的研究中，美国普林斯顿大学物理学教授斯皮策（Lyman Spitzer）就是其中一员。20世纪50年代初，他在好奇心的驱动下，设计出一种用磁场方式来约束等离子体产生聚变的装置，开启了磁约束聚变艰难曲折的探索之旅。

斯皮策意识到：聚变反应需要的千万摄氏度或者上亿摄氏度的高温是不可能在地球上找到任何材料去"盛装"的，但根据电磁原理，可以用磁场中的磁力线来制作"磁瓶"作为约束容器，然后将高温的核聚变燃料装进"磁瓶"中，最后用真空将"磁笼"与实际材料隔开，以达到在地球上承载一个比太阳温度还高的燃料并能将其压缩的目的。这种利用具有特定位形的强磁场将高温等离子体进行约束和压缩，使之达到受控核聚变的点火条件，实现连续的可控核聚变反应，就是磁约束聚变。

那么，为什么磁场可以约束并压缩这些高温等离子体呢？我们知道，高温等离子体由带正电粒子和带负电电子组成，根据电磁原理，运动的电荷在磁场中会受到垂直于其运动方向的洛仑兹力的作用，使带电粒子改变运动路径开始做圆周运动，但洛仑兹力并不对运动电荷做功，因此电荷速度不变。在做圆周运动时，磁场越强，圆周运动的半径就越小。所以，如果我们采用强磁场，等离子体的回旋半径就会大大减小，其运动轨道就近似被压缩并"栓"在磁力线上。斯皮策就是利用磁场对等离子体的这个反应策划的约束"磁瓶"。他设想，如果把一条管道安放在一个定位适当的强磁场中，当等离子体通过该管道时，带电粒子就会被迫沿着管道做紧致的小螺旋运动。因受强磁场约束，它们永远不会靠近圆柱形容器壁，即便是极炽热的等离子体也会被约束在以磁力线为轴心的"磁瓶"中，如图1-6所示。

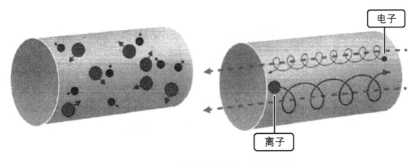

图 1-6 磁场约束等离子体示意图

理论上阐述这样的约束，似乎无懈可击。但在磁场中的等离子体具有各种不稳定性（扭曲不稳定性、腊肠形不稳定性、泰勒不稳定性等），如果需要在长时间内盛装高温核聚变燃料，这样的不稳定性非常不利。为解决这个问题，科学家想尽各种方法，不断改进磁场的形状：捏扁、揉圆、拧成麻花状等，目的就是找到最合适、最稳定的磁场位形来约束等粒子体使其不泄漏或外溢，为此先后出现了诸如磁镜、仿星器、或许器、托卡马克等各种各样的磁约束聚变装置。

磁镜是形状最简单的磁场，是1952年美国劳伦斯·利弗莫尔国家实验室（LLNL）的科学家提出的一种约束等离子体的磁场位形，它中间弱、两端强，看起来就像一颗糖果那样。当绕着磁力线旋进的带电粒子由弱场区向两端强场区运动时，粒子将受到反向作用力。这个力迫使粒子速度减慢直至停止下来反弹回去，反弹回去的粒子通过中间弱场区向另一端旋进运动时又会受到反作用力而弹回来。通过来回反弹，这种磁场位形可以约束等离子体，这就像光在两面镜子之间来回反射传播一样，所以给它起名为磁镜。这种磁场结构简单，容易制造，也方便研究，但是缺点也很明显，就是约束能力不够好。

为了提高约束能力，更复杂的磁场装置——仿星器出现了。这也正是斯皮策绞尽脑汁规避等离子体溢出的成果。因为在直线管道中，运动的等离子体到达管道尽头会溢出来；而在单纯一个面包圈似的环形管道里，管道弯曲处因内外缠绕导线分布不均匀产生的不均匀磁场导致等离子体中原子核和电子沿相反方向飘逸，并进入容器壁，等离子体很快也会从边缘渗漏出来。为了解决端面和边缘的等离子体溢出问题，斯皮策设计把两个半圆形环用相互交叉的管道连接起来，呈现麻花的8字扭结状。两个半圆形环的两部分存在着与整个环形瓶一样的飘逸问题，但是由于管道是相互交叉的，所以等离体先以顺时针通过一个半圆环，接着以逆时针通过另一个半圆环，原先产生的飘逸就会被速度相同、方向相反的飘逸抵消。斯皮策这个设想在1951年7月得到美国原子能委员会（AEC）的经费支持，1952年建成了仿星器。但是该装置以及后来建造的改进的、更大的仿星器都无法实现聚变。

英国科学家对于如何约束等离子体这一问题的思考则更早，始于20世纪40年代。他们采用的方法完全不同于磁镜和仿星器，是利用一种称为"箍缩效应"的现象。我们知道，等离子体中有自由电子移动，如果把等离子体装入一个圆筒中并给它送入电流，沿着等离子体流动的电流就会形成一个磁场。这个磁场会影响等离子体中的粒子，迫使它们流向圆筒的中心。电流压缩着等离子体圆筒，把它们向中心轴挤压。电流越强，作用越大，于是等离子体受到的挤压就越强，密度变得越大，而在这个挤压过程中，还会同时出现热核聚变希望获得的现象——加热等离子体，这就是"箍缩效应"。英国牛津大学克拉伦登实验室和哈韦尔实验室的科学家抓住这种效应作为约束和加热等离子体的方法，开始了箍缩效应研究。与此同时，参与曼哈顿工程的詹姆斯·塔克（James Tuck）曾在克拉伦登实验室短暂工作过，因此他在回到美国洛斯阿拉莫斯国家实验室（LANL）之后，充分利用他了解的箍缩思路，率先于1952年建造出了第一台箍缩机，塔克给它起名叫"或许器"。或许器技术简单，如果能够成功实现热核反应，那么它就像一个内燃机了：注入燃料，电流压缩，点燃，提取能量，去掉核"灰烬"。这是多么令人神往啊。但是或许器却存在明显缺陷：即箍缩的等离子体是不稳定的，一个微小的扰动就可以毁坏它。这先是马丁·施瓦西（Martin Schwarzschild）和马丁·克鲁斯卡尔（Martin Kruskal）两名教授在计算中发现的，在1953年或许器启动后得到应验。后来，LANL的研究人员发现一旦他们取得了箍缩，并在或许器舱室中形成一条适宜的、密集的线柱时，箍缩便一下子消失了，同时整个舱室被照得通亮，这样制造出来的或许器根本无法聚合任何东西。1955年，LANL的最新最大箍缩机"哥伦布I"启动后，他们发现，箍缩产生中子，不箍缩就没有中子。遗憾的是，箍缩产生的中子并不是核聚变反应产生的中子。经科学家研究和分析，发现这是因为不均匀性导致的腊肠形不稳定性所致。

其实，在1954年，美国劳伦斯·利弗莫尔国家实验室（LLNL）的美国著名理论物理学家、氢弹之父爱德华·泰勒（Edward Teller）由计算推断出，由磁场固定在一定位置的等离子体在某些条件下是不稳定的，磁场中有哪怕有一丁点的不规则，都会让情况变得非常糟糕。泰勒不稳定性影响到LLNL的磁镜研究，也影响到仿星器、或许器的研究，因为磁场中不稳定性比比皆是。

不动声色的英国人只花费不到100万美元建造了一个环形箍缩装置——零功率热核装置（ZETA），并于1957年8月在哈韦尔实验室开始运行，8月30日就观测到了中子。他们非常谨慎地检查每一种仪器，发现没有故障发生，确认中子应该是真实的。于是实验室一片欢呼，只有物理学家罗斯（Basil Rose）除外，因为他不确信ZETA中子是否真的来源于热核聚变。英国人本想立即公布成果，但受制于英美之间1957年初达成的一个协议：要共享聚变反应堆的资料，并共同决定何时公布以及怎么对资料解密等。美国人为了让自己赢得时间追赶上英国，以国家安全为由，要求推迟一年公布。1958年1月，迫于压力，美国同意英国自行公布ZETA结果。于是，1月24日英国在《自然》期刊上把成果发表了出来。这一成果激励了整个聚变科学界，引发了ZETA装置建造热潮，包括瑞典、日本和苏联都开始建造自己的ZETA。英国人则更加忙碌，要把他们的ZETA升级为ZETA Ⅱ，设计者称ZETA Ⅱ能够把等离子体加热到$1 \times 10^8 \, ℃$，产生的能量将多于消耗的能量。

当这些喧嚣之声鼎沸时，罗斯却躲在实验室，采用一种简单的方法来验证中子的真正来源。罗斯对ZETA装置进行了两次操作：一次正常操作，一次磁场和电流逆向操作。罗斯认为如果中子来源于热核聚变，不管怎样操作，中子都具有相同的能量，反应应该是匀称的。但实验结果却恰恰相反，正常操作下ZETA产生的中子能量和逆向操作产生的中子能量不同，说明中子不是来自热核反应的产物。罗斯于1958年6月14日将结果在《自然》期刊发表。于是，哈韦尔实验室科学家们的盲目自信带来的尴尬就可想而知了。聚变能的诱惑太大了，在这场竞争中，科学家们禁不住要冒险尽早宣布他们达到了那个崇高的目标。

尽管随后不久，美国科学家改变了箍缩方式，把顺着等离子体长度方向通上电流改为绕着等离子体管的周缘通上电流，他们在箍缩装置"斯库拉"（Scylla）上把氘加热到了$1 \times 10^7 \, ℃$，并真实地探测到了聚变产物。但是由于ZETA的影响，这次成功似乎也没有惊起什么涟漪。ZETA事件以及人们对核聚变科学家产生的一些不利看法，还有科学家自身的悲观，导致1958年美国国会开始叫停磁约束聚变研究。

在美国、英国等忙着建造各种聚变装置和进行实验研究的同时，苏联原子物理学家、氢弹之父萨哈罗夫（Andrei Sakharov）独立自主地提出了磁约束聚变的另一种想法。萨哈罗夫在1950年研究氢弹这种不可控聚变反应时，就开始思考是否可以控制住这种聚变。他也和斯皮策一样（其实在当时的保密条件下，两人是完全陌生没有交集的）设想了利用磁场来约束实现热核聚变可控。不同的是，他将箍缩机的优点和仿星器的优点都设想到了一起，箍缩可以在短时间维持高温、高密度，仿星器可以在维持较低温度、低密度条件下约束较长时间。两者一结合，便是高温、致密、相对长的约束时间，越来越靠近热核反应的条件了。萨哈罗夫提出了一种面包圈形的环形磁场。由于磁场形状为闭环的圆环形，因此带电粒子可以在里面周而复始地运动，约束能力非常好，而且这种装置比起仿星器更容易制造，萨哈罗夫给它起名为电磁线圈环形室，简称托卡马克。

托卡马克中间是环形真空室，外面缠绕着线圈，通电时内部会产生巨大的环形磁场，可以将其中的核聚变燃料加热到很高的温度，达到核聚变的要求。托卡马克的巧妙之处在于其三组相互配合密切的线圈系统：它的中心螺线管线圈用于产生等离子体环向电流，这组线圈使等离子体箍缩；环向场线圈用于产生环向磁场以约束等离子体沿着环向磁场转动，外极向场线圈用以控制等离子体位置及形状，这两组线圈形成约束和使等离子体紧致的磁场。外部磁场和内部电流这种连续出击的组合给科学家提供了一种手段，可以在较长时间内使炽热、致密的等离子体稳定。萨哈罗夫忙于研究核武器，无暇顾及他所设想的磁约束聚变装置，而其他苏联科学家，特别是阿尔齐莫维奇（Lev

Artsimovich）接过萨哈罗夫的设计开展了研究。1958年，苏联测量仪器科学实验室建成了世界上第一台托卡马克装置，取名为T-1，经过后来多年的不断改进，升级为T-3。苏联科学家在这些装置上取得了较好的实验结果。1968年8月，在国际原子能机构大会上，苏联宣布他们的T-3取得了1×10^7 ℃的电子温度、5×10^6 ℃的离子温度。这个结果比美国和英国的箍缩、仿星器装置的实验结果高出10倍，但是斯皮策和英国人却对此表示怀疑。1969年，阿尔齐莫维奇邀请英国卡勒姆（Culham）实验室的一个小组带着最先进的汤姆逊散射测量系统进行了测量，结果发现T-3的电子温度比阿尔齐莫维奇宣布的1×10^7 ℃还要高出近一倍。这一结果，轰动了整个磁约束聚变研究领域，几乎一夜之间，世界各地的等离子体物理学家都把自己的旧仪器扔在一边，建造起了托卡马克。就连曾经持怀疑态度的斯皮策也把他追求的C型仿星器变成了废铁，用4个月时间建造了一台托卡马克。到了20世纪70至80年代，世界各地陆续建成了4个大型托卡马克：欧洲的JET、美国的TFTR、日本的JT-60和苏联的T-15。除了T-15由于苏联解体没有成功运行外，其他装置都陆续取得了重要成果。从此，托卡马克成了各国从事磁约束聚变研究的主要装置。

　　1994年12月，美国普林斯顿大学的等离子体物理实验室取得了在输入功率为20 MW的情况下、输出功率达到10.7 MW的结果，人们仿佛从磁约束聚变中看到了能量得失相当的曙光。

　　我国的磁约束聚变研究虽然起步较晚，但是自改革开放以来得到了国家的大力支持，而且近年来进展迅速。2017年，中国的先进实验全超导托卡马克（EAST，又称东方超环）在温度为5×10^7 ℃的高温下，获得了长达101.2 s的稳态高约束模式等离子体，创造了新的世界纪录；2021年5月28日，EAST再次创造了新的世界纪录，即在 1×10^8 ℃的高温下，持续约束时间达到了101 s，是前期法国保持的世界纪录的5倍。而2006年启动实施的国际合作项目——国际热核聚变实验堆（ITER）更加引人注目，它集成了全世界受控磁约束聚变研究的主要科技成果，将解决大量技术难题，其目的是建造出可实现大规模聚变反应（基本目标是能量得失相当）的聚变实验堆，这是核聚变研究走向实用的关键一步，也是目前人类实现"人造太阳"最期待突破的一步。目前，ITER项目仍在建设之中。

1.5　非可控大尺度惯性约束聚变

如前所述，磁约束聚变是以强磁场将聚变燃料加热到高温离子体状态并约束足够长的时间，使其达到聚变点火阈值而实现聚变。在这个约束过程中会出现各种不稳定性，导致约束被破坏，因此磁约束聚变遇到了难以克服的难题。聪明的科学家们又从另一个角度思考：如果从提高等离子体的密度上出发，将难点从约束时间转移到压缩密度上来实现点火是否就能解决不稳定性这个难题呢？

科学家们设想，如果我们能够在极短的时间内，把大量的能量注入一定量的聚变燃料上，就可以使燃料的温度和密度极大地提高，达到聚变点火条件，并在燃料尚未飞散之前（即利用燃料高温等离子体向内运动的惯性）发生聚变燃烧，进而放出大量聚变能。这种依靠等离子体自身的惯性来实现的约束，叫作惯性约束，在这种情况下发生的核聚变就叫作惯性约束聚变。

虽然这种设想理论上可行，但很长一段时期，人们一直没有找到合适的方式在极短时间内将物质加热到极高的温度和密度，直到1945年，美国第一颗原子弹爆炸升起的蘑菇云一下子点亮了热核反应前行的道路。能够在极短时间内释放出巨大能量、产生极高温度，这不正是苦苦徘徊在热核聚变反应难题上的科学家们梦寐以求的热核反应条件吗？

其实早在1942年，著名美籍犹太裔物理学家奥本海默（Oppenheimer）和泰勒、贝特及其他科学家，就曾经讨论过恩里科·费米1941年提出的问题：原子弹爆炸能点燃氘的热核爆炸吗？于是，科学家们开始尝试利用原子弹作为点火器，用原子弹中发射的粒子流来压缩氢燃料，使它炽热并致密到足够程度来引发核聚变反应。泰勒从1943年就开始不断努力，他的处女设计是"在一只充满氘的容器一端放置一枚原子弹，这枚原子弹就会在容器中触发核聚变"，然而事实证明不可行。泰勒的第二个设计为"可裂变的重原子和可聚合的轻原子交替一层一层制成超级炸弹的'闹钟'式设计"，这个和苏联萨哈罗夫后来设想的苏式蛋卷类似的设计，依然不可行。此后，泰勒还提交了很多更复杂的方案，但这些方案都被乌拉姆（Stanislaw Ulam）和埃弗里特（Everett）的计算所否决。经过多次设计失败后，终于在1951年，乌拉姆提出了利用原子弹爆炸产生的射线来压缩引发燃料聚变的想法，并得到泰勒的认可和具体完善，形成了著名的"泰勒-乌拉姆构型"设计。1951年5月9日，美国成功进行了代号为"温室乔治"的试验，试验装置是在一个裂变装置中安装了一个有几克氘和氚的小靶，用于研究聚变过程。试验获得的爆炸当量为22.5×10^4 t TNT，其中有2.5×10^4 t来自氘氚聚变。这次试验验证了"泰勒-乌拉姆构型"设计的科学可行性，也是科学家第一次从近距离看到了核聚变。1952年11月1日7时14分59秒，美国采用"泰勒-乌拉姆构型"设计，在埃路杰拉布岛成功地进行了被称为"常春藤迈克"的第一次聚变装置试验，爆炸当量达到了1×10^7 t TNT。人类终于在地球上将太阳的能量释放出来了，这就是最早的非可控大尺度惯性约束聚变！

1.6 微型纯聚变——能源自由的希望之星

对于如此大规模能量释放的聚变反应，人们根本无法对燃料等离子体采取任何约束措施，其聚变能瞬间大规模释放，具有巨大的破坏力。虽然这种短暂而狂暴的能量释放非常狰狞可怕，但它巨大的能量又深深吸引着科学家们：能够把这种不可控的能量用在和平建设中吗？美国和苏联的科学家们纷纷投入新的设想——如何在核能工程中和平利用这种巨大的能量。为此，美国制订了赫赫有名的"犁头计划"，苏联也制订了"7号工程"计划，试图利用这种具有巨大威力的聚变能量驱动洞穴里的蒸汽发电、挖掘运河、建造港口和地下储存洞穴与湖泊、探测自然资源和提高油气产量、打开和关闭天然气井，甚至改变地球面貌。美国的"犁头计划"从1957年开始，经过12年27次所谓用于和平目的的试验，倾注了大量人力、物力、财力，却基本上没有获得任何好处。苏联从1965年1月开始的"7号工程"，持续了23年之久，共进行了122次试验，结果与和平利用聚变核能的初衷也是相去甚远。

美国和苏联尝试和平利用这种不可控巨大威力能量的事实，最终证明不可行，不可控永远是不可控的，除非有全新的思路或者方式来个大转弯。

那么，是否可以制造出一些可连续、可控的微型聚变，人们在这些微型聚变过程中，收集它们释放的能量并转化为热能或者电能加以利用呢？这个问题的关键在于是否能够找到与其相匹配的方式来触发这种微型聚变。

寻找触发这种微聚变的点火器，并在极短时间内将少量聚变燃料压缩并加热到实现热核反应的高温高密度，这需要科学尝试。巧的是，20世纪50年代末，LLNL实验室有一个小组正在开展类似的计算评估，即讨论和计算如何利用原子弹之外的其他触发器来点燃DT（氘氚）发生聚变。LLNL著名的物理学家约翰·福斯特（John Foster）、雷·基德尔（Ray Kidder）、吉姆·希勒（Jim Shearer）和吉姆·威尔逊（Jim Wilson）是这个评估组的成员。此时，后来被称为美国激光惯性约束聚变发展的奠基人和见证者的纳科尔斯（John Nuckolls），正在按后来升迁做了卡特政府国防部长的布朗（Harold Brown）的要求，研究寻找降低爆炸规模、在较小山洞上开展实验的可能性。较小规模的爆炸就希望找到更加合适的点火器。纳科尔斯和福斯特他们的想法不谋而合，于是纳科尔斯带着自己的初步计算评估加入LLNL实验室进行讨论。讨论中，基德尔对点燃封装在一个金属丸中的少量氘氚（DT）燃料所要求的种种条件估算结果进行了演示，这个小丸形状为球形。纳科尔斯认为，几百电子伏的辐射温度可能足以内爆并引发一个非常小尺度的聚变。从1960年初开始，纳科尔斯利用最新的辐射内爆和燃烧代码，探索并提出了使用除原子弹外的其他触发器来激发微小靶球辐射内爆的想法。

纳科尔斯开展了利用高功率电脉冲激发的爆炸箔进行10 mg DT内爆的计算，发现DT没有达到点火所需的、足够高的密度和温度。接下来，他开始计算点燃DT聚变微爆炸的小型辐射内爆，以确定触发器的能量和功率需求。最后纳科尔斯发现，要使1 mg DT点火和有效燃烧，需要触发器向靶丸一次性注入脉冲持续时间只有10 ns的6 MJ能量，内爆挤压DT燃料，使其温度升高到3×10^6 ℃，有可能引发一次聚变反应，产生50 MJ能量，相当于产生10倍增益。

在计算评估中，纳科尔斯发现压缩是让聚变发生的关键，而压缩的最终目的是使燃料达到高密度、高温度。计算结果显示，用压缩进行加热将具有更高的能效，而最终得到的燃料密度将达到铅的几百倍，这样粒子间的碰撞概率将大幅度增加，聚变发生的概率也会大大提升。但是增益为10对于他要评估的电厂发电，差距太大了，一个有经济效益的电厂至少需要100倍的增益。而这些触发器产生的能量脉冲很可能是一个效率低下的过程，也许向触发器输入60 MJ才能产生一个6 MJ的脉冲输出，并且这个能量在转变成聚变能过程中还有诸多损耗。对于靶丸，需要低成本生产，每次爆炸中释放尽可能多的能量。对于触发器，需要在纳秒时间尺度内产生一系列高能脉冲，需要从几米远处将能量聚焦在一个毫米尺度甚至更小的微球上，需要高效能和低维护成本，需要适合一年进行数十亿次的微聚变。

在这个目标指引下，纳科尔斯设计用很薄的金属壳作为夯压层，并用一层铍作烧蚀层，铍材料能够吸收触发器辐射的能量并在朝外进射的同时向内推动夯压层。但在这个过程中，不稳定性将导致夯压层破裂、内部燃料外逸。另外，夯压层本身为金属，它比氘氚重100倍左右。因此，触发器的能量就主要消耗在金属壳上了，而不能有效压缩燃料。纳科尔斯并没有灰心，既然夯压层和烧蚀层阻碍压缩，那就去掉它们，直接用触发器的能量辐射氘氚球表面，除了一部分被崩飞外，小球自身就是烧蚀层。但是，这种情况下燃料压缩度是不够的，因此必须从触发器打造出一个延长的脉冲，以保持推压。该脉冲开始功率小，之后随着靶丸内爆压力增加而增加。这种压缩方式使得靶丸从最中心开始聚变燃烧，然后向外蔓延，将DT燃料燃烧完。纳科尔斯觉得这样压缩，冷冻DT成本太高了，因此他提出采用类似滴管的方式制造出液态氘氚滴，并通过调整触发器长度和脉冲，压缩液滴使其密度达到了1000 g/cm³，即铅密度的100倍，此时中心温度高达几千万摄氏度。至此，聚变所需的温度、密度终于都向聚变点火阈值靠得非常近了，微型纯聚变终于在模拟中实现了。

　　然而，纳科尔斯当时提出的触发器，也叫驱动点火器或驱动器，包括了等离子射流、超高速弹丸枪和脉冲带电粒子束等几种候选，研究结果表明它们都很不理想，存在着各种难以解决的问题，在寻找理想的触发器道路上研究进展不大，实现现实的微型纯聚变仍是遥遥无期。

1.7　激光——重燃可控"人造小太阳"的希望

　　到此时，很显然，要实现理论上可行的微型纯聚变设想，其关键就在于找到实际可行的触发器，它必须是一种具备长距离传输、聚焦能量好的点火器。正当纳科尔斯他们感到十分迷茫之际，一个天大的惊喜出现了。

1960年7月，美国休斯研究实验室的西奥多·梅曼（Theodore Maiman）在记者招待会上，宣布了第一个成功的激光实验。梅曼的红宝石激光器在招待会上赚足了科学家们的眼球，也让热核聚变科学家们为之一振。他们在磁约束聚变领域绞尽脑汁后，已经感觉到磁场约束的等离子体造成的各种不稳定性让他们再也无法快速前行，建造起来的一个比一个宏大的磁约束装置只是变成了发现越来越多的、违背科学家意愿的等离子体特性的工具；而在可控惯性约束聚变方面，理论研究和计算模拟表明微型纯聚变可行，但实践中却找不到一种至关重要的可用的点火器。而此刻，激光的出现，让聚变领域的科学家们看到了新的希望，他们对热核聚变的热情重新被点燃起来了。

激光的最大优点在于其单色性和相干性好、方向性强、强度大。方向性强，意味着它良好的定向特性和聚焦效应；强度大，则表明它具有极高的能量密度。利用激光的相干性产生特别强的、易于操控的光束，科学家就能以极高的精度去瞄准，使之向一个非常小的空间倾注巨大的能量。也就是说，我们可以利用激光来压缩并加热DT燃料产生聚变反应。创造可控的"人造小太阳"的希望再次出现！

利用激光压缩和加热DT产生内爆聚变这个想法，在聚变领域像一声惊雷般唤醒了沉睡的受控惯性约束聚变。1963年，苏联列别捷夫物理所的巴索夫（Nikolai G. Basov）等提出了激光核聚变的基本概念。1964年，我国著名核物理学家王淦昌院士也独立地提出了用激光照射氘氚材料产生中子的倡议，他在题为《利用大能量大功率的光激射器产生中子的建议》的一文中指出："……若能使这种光能激射器与原子核物理结合起来，发展前途必相当大；其中比较简单易行的就是使光激射器与含氘的物质发生作用，使之产生中子……"。这些创新思想实际上就是激光惯性约束核聚变的科学概念雏形。由此，激光驱动惯性约束聚变（简称为激光聚变）研究在世界范围内兴起。美国作为世界的超级大国，在激光聚变研究领域雄心勃勃，投入巨量资金和科技力量，取得的成就名列前茅。而欧盟、中国、俄罗斯、日本等，也是竭尽所能，紧追其后。

　　从20世纪60年代初期激光聚变研究兴起到现在近六十年，其发展历程与磁约束聚变几乎如出一辙，一次次以为前面就是顶峰而到达之后却发现只不过是通往顶峰途中的驿站，于是又重整旗鼓、积蓄力量再度出发。尽管激光聚变研究像磁约束聚变一样还没有实现聚变点火燃烧这一极为重要的目标，但所取得的进展是巨大的，一点也不逊色于磁约束聚变研究，包括在理论与计算模拟、驱动器（下面将点火器、驱动点火源这些叫法统称为驱动器）研制、靶设计与制造、物理实验和实验诊断等方面都不断取得突破性进展。与此同时，以激光聚变研究为基础的聚变能源电站设计，利用激光器开展诸如天体物理这样的前沿基础科学研究，也紧紧伴随而行，更是增强了激光聚变研究的吸引力和"高尚"气质。下面，我们将较完整而系统地进行介绍和分析。

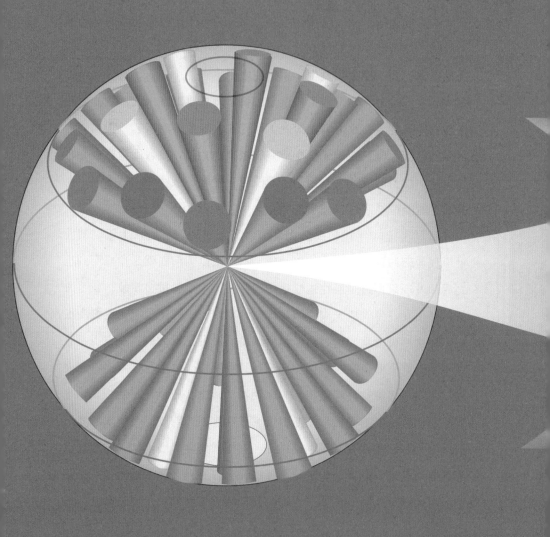

第 **2** 章

激光聚变原理及
实现方法

- 源于爱因斯坦质能方程的聚变原理
- 能量得失平衡的劳森判据
- 激光聚变基本过程及实现方式
- 点火：古老而弥新——聚变研究的桂冠
- 激光聚变研究的"五大支柱"

2.1　源于爱因斯坦质能方程的聚变原理

如前所述，地球上几乎所有种类的能量，都直接或者间接地来自于太阳，而太阳能量来源于其内部的核聚变。我们不禁要问为什么聚变会放出如此巨大的能量？爱因斯坦提出的质能方程式（图2-1）给出了最明确的答案，即能量来自于聚变引发的质量变化。（如前所述，这个公式还为宇宙大爆炸理论提供了支撑！）

$E=mc^2$这个方程式里最不可思议的是光速c。这个物理量具有两个特点：第一，不变性，其在任何一个惯性坐标系中都是常量；第二，

图2-1　爱因斯坦和他提出的质能方程式

数值巨大，$c=3.0 \times 10^8$ m/s，相比我们生活中常见的速度，这个数值几乎是无穷大的。因此，来自于质量转化的能量，将远远大于物质所具有的动能、势能以及包含的化学能等。

我们知道，原子核是由质子和中子组成的，质子和中子统称为核子。当较轻的核子结合成原子核时，新的原子核的质量并不是原来核子质量的简单相加，而是会发生微小的亏损。这些亏损的质量尽管很小，但是按照爱因斯坦的质能方程式就会转换为巨大的能量。这些能量被称为结合能，而将结合能除以原子核的核子总数（质量数）就得到了原子核的平均结合能或者叫作比结合能。我们可以把聚变或者裂变过程看作是核子重组，如果反应产物的比结合能大于原先参与反应原子核的比结合能，就会有净能量放出。从比结合能的曲线（图1-4）我们可以看出，轻核段的比结合能曲线斜率比重核段的斜率大很多，因此聚变过程的放能通常比裂变过程要大一个量级之多。

聚变和裂变的共同之处在于，其反应过程中都发生了质量亏损。换言之，在这两个过程中，质量转换成了能量，从而产生出巨大的能量。聚变和裂变的不同之处在于，重核裂变比轻核聚变更容易发生。重核很容易通过中子或伽马光子诱发裂变，如中子激发铀（U）原子核或者钚（Pu）原子核发生裂变。由于中子本身是一种电中性粒子，因此相对容易进入原子核内部并改变原子核的结构和能量状态，所以中子诱发裂变比较容易发生。

相对于裂变过程，聚变反应是将两个轻原子核聚合成一个较重的原子核同时释放巨大能量的过程。科学家们经过对多种轻元素的原子核性质进行研究，发现有三类聚变反应相对比较容易且产生能量最多，即氘-氘（DD）反应、氘-氦3（D-³He）反应和氘-氚（DT）反应。

DD反应是将两个氘核融合在一起发生的聚变反应。它有一个巨大优点，就是在海水里的氘含量非常丰富，大约有4×10¹³ t，燃料供应几乎是取之不尽用之不竭，提取成本也非常低，所以我们最希望实现这种聚变反应。但是，这种反应却是三种反应里最难发生的，因此目前并不是研究重点。

D-³He反应是将氘核和氦原子核融合在一起发生的聚变反应。这个反应释放的能量最大，但实现起来也很困难，难度仅次于DD反应，而且地球上并不存在天然的³He。虽然月球上的³He储量极为丰富，但是目前还不具备开采的实用技术。所以，依照当前的研究水平，该反应也不是聚变领域研究的重点。

DT反应是将氘核与氚核融合而产生的核聚变反应，它是所有核聚变反应中最容易发生的，也是目前主要研究的核聚变方式。其反应式见式（2-1），反应示意图见图2-2。

$$D + T \rightarrow {}^4He + n + 17.6 \ MeV \qquad (2\text{-}1)$$

DT反应释放的能量非常大，17.6 MeV相当于每个核子产能为3.52 MeV，每千克氘氚混合燃料完全燃烧能够产生的能量可达3.38×10⁸ MJ。虽然自然界不存在氚，但天然锂里有7.4%为⁶Li，92.6%为⁷Li，均可用以生产氚。

但是，即使这样，在地球上要使DT聚变发生也是非常不容易的。D原子核和T原子核都是带有正电的，它们需要克服相互之间巨大的库

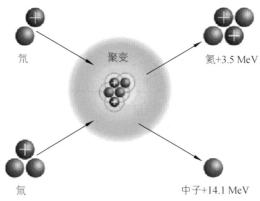

氘

聚变

氦+3.5 MeV

氚

中子+14.1 MeV

图 2-2　DT 反应示意图

仑斥力才能聚合在一起发生核反应，在正常条件下，这几乎是不可能的。解决的办法是将这些 D 原子核和 T 原子核加速到非常高的速度，从而克服库仑斥力发生聚变。

　　该怎么将这些 D 原子核和 T 原子核加速到足够的速度呢？一种简单的方式是将这些 D 原子核和 T 原子核加热到非常高的温度。从微观来看，这些 D 原子核和 T 原子核将以无序的热运动方式发生碰撞，那些具有较高速度的原子核就有可能突破库仑斥力，发生聚变。这种通过将 D 和 T（通常叫作 DT 燃料）加热到非常高的温度从而发生聚变的方式就叫作热核反应。

　　不过这个"非常高"的温度在地球上实际上非常难以达到，因为其几乎和太阳内部温度一样，甚至更高。该如何才能实现这么高的温度呢？我们先把这个问题记下来，现在来探讨该怎么实现可控的、可以和平利用的核聚变能。

2.2 能量得失平衡的劳森判据

为了能够和平地利用聚变能，人们首先面临的问题是怎么将聚变能量改变为可控的、持续的能量输出。我们先看裂变是如何实现可控的。在核反应堆中，裂变是通过中子增殖的链式反应进行的，只要能控制中子的增益系数，就可以控制反应的速率，从而达到让裂变过程可控的目的。它的实现方式就是控制核材料的临界质量，使得中子增殖既不会越来越快导致能量剧烈放出，又不会越来越少造成反应停止。只要中子增殖控制在合理的范围内，裂变就会自发地产生。这样在核反应堆中就可以获得可控的、持续的、稳定的能量输出，以产生电力或动力。

但是对于聚变，则是完全不同的。这是因为，裂变反应中，中子不带电，它可以轻易地到达原子核内部，从而诱发核裂变过程。但是聚变则是需要两个原子核合并，原子核是带正电的，相互之间有非常强的库仑势垒。在常温常压条件下，原子核几乎不可能克服这一势垒发生聚变。因此聚变需要外部的能量输入，让这些D原子核和T原子核携带一定的能量，克服相互之间的势垒聚合在一起。而一旦发生聚变，DT原子核就没有了，聚变能则由α粒子（^{4}He）或者中子以动能的形式携带出来。由于没有链式反应存在，因此无法像控制中子增殖系数那样控制聚变反应速率。

人们最初的想法是将参与聚变的轻核材料的量减少到可以接受的程度，通过一次次的比较小的聚变放能来利用核聚变的能量。因此从不可控到可控，关键是将发生聚变的轻核材料量减少到什么样的水平。注意，仅仅发生DT核聚变反应，并不足以作为聚变能源。因为DT聚变是需要外部能量输入的，因此还需要考虑净能量输出：即核聚变反应输出能量要大于驱动聚变的外部输入总能量，这样整个聚变过程才是"赚"的，从而利用"赚"来的能量生产可供人类使用的能源。这才是受控核聚变研究的最终目的。

1957年，英国科学家劳森（J. D. Lawson）计算了DT聚变过程的能量平衡关系。一个聚变系统在热核温度下，一方面是等离子体的聚变燃烧放出能量，另一方面是必须供给等离子体热量以维持其聚变反应条件和等离子体的能量辐射。一个有实际意义的聚变系统，它放出来的聚变能必须大于（至少等于）它消耗的能量，只有这样这个反应系统才能维持。劳森判据就是受控聚变能量增益的最小判据（能量得失相当）。

劳森判据是基于轻核等离子体温度、密度和约束时间之间的数值关系来判断受控热核反应中能量是否有所增益的标准，对于DT反应它表述为：

$$n\tau \geqslant 1 \times 10^{14}\,\text{s/cm}^3 \qquad (2\text{-}2)$$

式中，τ是等离子体的约束时间，n是等离子体的数密度，这时DT系统的温度需要达到5 keV，即$5 \times 10^7\,℃$。这个约束条件告诉我们，在满足温度条件的前提下，还需要从密度和约束时间两个方向入手，其侧重点的不同，就形成了磁约束聚变和惯性约束聚变两种不同的实现聚变的途径。前者采用的办法是，用磁场的方式将密度较低的聚变燃料用较长的时间约束在一起，使聚变不断产生；后者采用的办法是，在极短的时间内将DT燃料加速到很高的速度并相互碰撞在一起达到很高的密度和温度，燃料依靠自身惯性约束在一起，在体系解体之前发生充分的聚变反应以释放足够的能量。

在惯性约束聚变研究中，劳森判据通常采用一种更普遍的形式，用球形燃料的半径R取代非常短暂的约束时间τ，采用燃料密度ρ与靶丸半径R的乘积ρR。一般地，DT反应的惯性约束聚变的劳森判据采用以下表述形式：

$$\rho R \geqslant 0.3 \ \text{g/cm}^2 \quad\quad (2\text{-}3)$$

球形燃料的质量M可以很方便地表示为：

$$M = \frac{4}{3}\pi\rho R^3 = \frac{4}{3}\pi(\rho R)^3/\rho^2 \quad\quad (2\text{-}4)$$

这样就可以看出来，满足劳森判据的聚变燃料的质量与密度的平方成反比关系。后面我们会看到，这一点极其重要。

2.3 激光聚变基本过程及实现方式

在我们把实现受控惯性约束核聚变的需求、原理和条件搞清楚后，接下来的问题是该如何实现它。正当人们一筹莫展之际，激光器的发明适时地送来了答案。

不过，从一开始人们就意识到，利用激光的能量直接加热固体密度的DT材料来实现惯性约束激光核聚变的难度太大。纳科尔斯估算这样做所需要的激光能量高达1 GJ，即1×10^9 J，这在当时根本不可能，即使60年后的今天也是不现实的。

在2.2节中我们提到，满足劳森判据的燃料质量和燃料密度的平方成反比关系，在面密度一定的情况下，所需激光总能量与质量成正比关系，因此驱动DT聚变所需的激光能量也与燃料密度的平方成反比关系。自然而然地，提高燃料密度最方便的办法就是对燃料进行球形压缩。我们可以设想，如果能把DT燃料做成球形（通常我们称之为靶丸），并将直径缩小至初始直径的十分之一，它的密度会升高一千倍，那么发生核聚变的激光能量需求就会降低一百万倍。这个密度提高的过程就像向内部驱动一个球形汇聚爆炸冲击波，把一个球形靶丸向内部压缩，我们形象地称之为内爆。

因此，激光惯性约束聚变有两个关键点：激光和内爆。其中，激光是外部施加的能量来源，内爆是聚变手段。我们把这种方法叫作激光驱动惯性约束聚变，简称激光聚变。

在有了初步的理论认识和设想后，科学家们立即将之付诸实践。从1963年LLNL利用具有2束激光的Janus激光器打靶首次产生中子，到目前具有192束激光的美国国家点火装置（National Ignition Facility，NIF）获得近1.35 MJ的聚变放能，已经历了近60年。为实现激光聚变的努力还在持续进行中，并且已经非常接近能量增益大于1的目标，而激光聚变的理论与实现方法也基本成熟了。人们对激光聚变的过程有了更深入细致的了解，对不同的驱动方式和点火模式进行了很多探索和研究。因此，我们可以比较完整地做些介绍。

在激光聚变研究中，根据激光束能量作用到靶上的途径不同，激光驱动方式分为直接驱动和间接驱动。

直接驱动：激光直接辐射聚变靶丸的表面以实现惯性约束聚变的途径。

间接驱动：激光入射到高Z（高原子序数）腔（黑腔）内壁产生X射线，利用X射线辐照腔内聚变靶丸实现惯性约束聚变的途径。

两种驱动方式各有千秋，在实际应用中根据目的有不同的选择。直接驱动因激光直接作用到靶丸上，能量利用率较高，但其存在因辐照均匀度低而使得流体动力学不稳定性和混合问题更难以控制，同时由于烧蚀深度较浅、火箭效应较低及容易产生超热电子预热等原因，目前成为非主流技术路线。间接驱动则相反，由于经过黑腔转换的X射线可以更均匀地辐照聚变靶丸，同时由于X射线穿透深度深，具有一定烧蚀致稳作用，可以缓解流体动力学不稳定性，另外火箭效应和对预热的控制相对较好。但由于需先将激光打到黑腔中转换为X射线然后作用在靶丸上，能量利用效率将大幅减少。

最早的惯性约束聚变研究采用的是间接驱动方式。在激光发明后不久，人们就意识到利用激光直接烧蚀氘材料也可以产生聚变反应，而且能量利用率更高，就采用直接驱动的方式进行聚变研究。但后来又发现，辐照均匀性、靶丸内爆的对称性及流体动力学不稳定性对聚变点火影响更大，间接驱动也成为各国开展激光聚变实验研究和装置建设采用的主流技术途径。

　　现在，我们可以比较明确地描述激光聚变的实现过程了。一个完整的激光聚变过程就像四冲程发动机的动作一样，一般可以被分成四个阶段：烧蚀—内爆—点火—燃烧。其直接驱动的聚变过程示意图见图2-3，如果是间接驱动，只需将图中的"激光辐射"改为"X射线辐射"即可。

　　在烧蚀阶段，在间接驱动方式下，激光注入黑腔后，被腔壁的高Z材料吸收然后转换为X射线发射出来，这些X射线均匀地充斥在黑腔内部，使位于黑腔中央的DT靶丸的表面烧蚀层被均匀加热，烧蚀层表面开始等离子体化并向外喷发。

　　在内爆阶段，当烧蚀层向外喷发时，由于动量守恒，会将靶丸内紧贴的DT冰层向内推挤从而获得很大的动能（速度可达350 km/s），这个过程很像火箭发射，因而也被称为火箭效应。而当这些DT冰最终汇聚在一起时，DT冰层的密度会迅速提高（约1000 g/cm^3），并且之

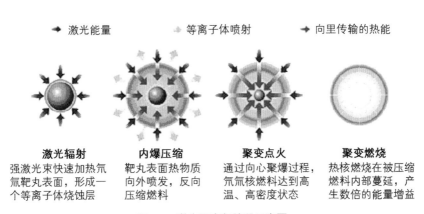

| 激光能量 | 等离子体喷射 | 向里传输的热能 |

激光辐射
强激光束快速加热氘氚靶丸表面，形成一个等离子体烧蚀层

内爆压缩
靶丸表面热物质向外喷发，反向压缩燃料

聚变点火
通过向心聚爆过程，氘氚核燃料达到高温、高密度状态

聚变燃烧
热核燃烧在被压缩燃料内部蔓延，产生数倍的能量增益

图2-3　激光聚变各阶段示意图

前获得的强大动能这时候会迅速转化为体系的热能，这时心部DT燃料的温度会迅速上升。

在点火阶段，这时候最靠近球心位置的DT等离子体温度已经接近 $1 \times 10^8 \, ℃$，压力高达 $1 \times 10^{16} \, Pa$，并且外面的DT燃料在惯性作用下还在继续向内部挤压，将燃料约束在一起。当达到最大压缩时刻，在球心位置，一个满足劳森判据的局部区域产生了，这被称为热斑。

在燃烧阶段，热斑内部DT聚变反应放出的能量由中子和α粒子以动能的形式携带出来。其中，中子的穿透能力非常强，因此其携带的能量（约占DT放能的80%）基本上都离开了整个反应区域。只有α粒子携带的能量会沉积在热斑外围的冷燃料中，继续点燃周围温度还不那么高的燃料。依此类推，燃烧就像野火一样发展起来了。与此同时，在热斑内部巨大压力下，整个反应区域的物质迅速向外扩散，并伴随着体系温度的迅速下降，当温度低于劳森判据要求的温度时，燃烧就结束了。

上述关于惯性约束聚变四阶段的叙述，是以间接驱动和中心点火方式为例。点火方式不同，实现聚变的过程略有不同，下节将进行详细介绍。

激光聚变过程所蕴含的物理原理非常丰富，跨越的学科知识面非常宽，实现的难度也非常大。实际上，到目前为止，人类的研究也只是走过了这"四冲程"发动机的前两个阶段，而"点火"和"燃烧"则还在努力，这也是科学界最具有挑战性的目标之一。

2.4 点火：古老而弥新——聚变研究的桂冠

在惯性约束聚变过程中，点火是其中的关键，也可以称之为聚变研究的桂冠。因为：实现了点火，聚变的下一阶段——燃烧，就是顺理成章的事了；实现了点火，聚变能源的希望之光也就点亮了。

实际上，对于激光聚变研究，人们能够控制的只有外部的输入条件，如激光总能量和光路排布，黑腔和靶丸的材料、尺寸、粗糙度等。一旦这些因素确定了，烧蚀开始，后面的过程都会自然发生，是无法干预的。因此，所有初始工作的目的，都是为了让靶丸包含的燃料能够点火并充分地燃烧。点火首先保证在燃料中有一个区域达到了劳森判据，开始有正向能量输出。而这些输出的能量又能够点燃周围更多的燃料放出更多的净能量，那么燃烧就变得可持续进行了。

我们已经知道，聚变需要初始的能量以帮助点火。如果这种初始能量足够大，能够压缩并加热足够多的燃料产生核聚变，就可以通过持续的燃烧放出巨大的能量。不过这种状态并不是实验室聚变所追求的，由于聚变反应不像裂变反应那样可以通过控制增殖系数来控制反应的增长速度，因此不管是哪种聚变方式，一旦发生了，其聚变反应速率其实只决定于内部所能达到的温度和密度，放能过程都非常剧烈。实际上，可控的核聚变只是将聚变能的一次反应总量控制在可以接受的程度，这也就是所谓"可控"聚变的内涵。

因此，在激光聚变中，人们追求的是如何在DT燃料中达到点火和自持燃烧的状态。由于需要激光在黑腔中产生X射线辐射，这时候直

·047·

接碰到的问题就是：尽管可控聚变所追求的总放能减少了，但是人们产生驱动源（激光或激光经黑腔转换的X射线）的能力也不那么大。这时候，在有限的激光能量下要在DT燃料中达到劳森判据的条件点火并形成自持燃烧过程，就变得像在刀尖上跳舞一样，轻微的偏离都可能导致点火失败。所以说点火是聚变研究的桂冠。

为了能够在实验室有限的条件下实现激光聚变，就需要有巧妙的设计，也因此产生了多种点火方式。根据作用于靶的激光性能和方式的不同，点火方式包括（但不局限于）：整体点火、中心点火、快点火和冲击点火等。

整体点火，又称体点火，是使靶丸所有聚变燃料整体达到点火条件的点火方式。实际上，早在20世纪70至80年代，美国开展的岩盐-百夫长（Halite-Centurion）系列地下试验中，就是通过将原子弹产生的X射线辐射引入不同大小的黑腔中，驱动DT小球产生聚变，以研究和论证受控微型核聚变的可行性。在这些研究中，DT燃料基本上是整体同时达到了点火条件，可以称之为整体点火。由于原子弹产生的X射线辐射量很大、辐照均匀性很好，看起来是比较容易实现的。

但是，这种方式是使整个球体全部达到劳森判据的点火条件，所需驱动能量非常大，是中心点火方式的20~50倍。以一个含5 mg DT的球体为例，要求达到点火所需要的、作用在这个靶球上的外部能量输入大于2 MJ，如果再考虑到黑腔的能量漏失则需要的总能量将达到几十兆焦量级，这是难以达到的。但由于其在未来聚变能上有重要意义，美国仍投入了一定的力量开展研究。

人们意识到，整体点火要求全部DT球达到点火条件所需要的能量太大，而且没有有效利用自持燃烧的优势，那么可不可以先让DT球的一部分达到点火要求，然后利用热斑区域所产生的α粒子进一步加热周围的燃料使其燃烧，从而达到较大的能量输出呢？这就是中心点火的初衷，也是迄今为止激光聚变的主要研究方案，在理论与实验两方面的研究都最为系统。当今世界上最大的激光驱动器——美国的NIF装置和在建激光驱动器——法国的LMJ，都采用了这一技术方案。在中心点火方案中，靶丸在黑腔内部X射线辐射驱动下产生内爆，内爆末期燃料聚集在一起，巨大的动能转换为热能，在内部形成热斑。如果我们分析热斑形成时的靶丸状态就会发现：这时热斑是一个高温度低密度的状态，而周围的燃料区则是低温度高密度的状态。因为内外的压力保持平衡，所以这种点火方式也被称为等压点火。

与此相对的，则是塔巴克（M. Tabak）在1994年提出来的快点火思想。当时，人们已经意识到，如果只是将DT靶丸压缩到点火所需要的高密度而不要求温度也同步达到的话，其实并不需要那么巨大的能量（需要的能量可能只有中心点火的十分之一左右），这就产生了分步点火的想法：就是先压缩，再通过别的手段在压缩燃料中形成一个高温区域使其达到热斑的状态，亦即点火。这就是快点火的方式。简单地估计会发现，产生热斑需要的能量约20 kJ。这么大的能量需要在很短的时间内到达非常小的目标区域，否则当稀疏波进入后燃料将迅速解体，点火就无从谈起了。经过计算，这种能量源的功率密度约为1×10^{19} W/cm^2，这对应着超短超强激光的功率密度范围，因此，超短超强激光就理所当然地成为快点火热斑形成的"有力武器"。由于热斑需要的能量是在压缩达到最大压缩时刻才到达，并且在很短时间内完成能量沉积并形成热斑，这时候热斑还来不及向外膨胀，热斑密度和整个燃料密度是相同的，因此也被称为等容点火。

快点火将燃料压缩和点火过程分开，降低了内爆能量需求和压缩难度，因此流体力学不稳定性影响大大减弱，对激光辐照均匀性和制靶要求都大为下降，理论上可以提供更高的能量增益，这也是其吸引人的地方。

不过，高功率密度激光传输受到临界密度面的限制，当介质密度超过临界密度时，激光就不能再向前传输了。这一临界密度比压缩燃料的密度低很多，因此激光的能量并不是直接到达热斑区域。在临界密度面，激光能量是先转换为介质中电子的能量，电子的射程大得多，可以到达热斑区域。这里，电子起到能量携带体的作用，这被称为电子束快点火。

但是，由于电子质量小、易偏转、射程长、能量沉积区域大，因此电子束快点火遇到的很多困难都来自电子束控制方面。人们也开始寻找别的"能量携带体"，如质子束。相比电子，质子能量沉积在射程末端会迅速增大，称之为布拉格效应。通过控制质子能量也可以较好地将质子控制在预期射程之内。但是质子束的问题在于高功率密度激光到质子束的能量转换效率太低了，比电子低一至两个数量级。正是由于存在许多科学和技术上的困难，快点火方案的提出已有近20年的历史，仍然是非主流技术路线，但研究仍在进行之中。

冲击点火也是一种激光聚变新型点火方式。它是先用预脉冲将聚变燃料压缩到一定密度，再用超高功率主脉冲压缩形成的强冲击波实现点火。冲击点火也是一种分步点火的方式，在这个过程中靶的压缩和点火过程分开进行，不需要花费较多能量用来压缩主燃料形成高面密度，同时也放松了直接驱动压缩的对称性和流体力学不稳定性的要求，因此可以用较低的驱动能量实现点火，并具有较高的增益。与类似的压缩和点火过程分开的快点火方式相比，冲击点火不需要另外的超短超强激光装置，大大放松了技术上的限制。分步点火的思路具有省能量、高增益的优点，在未来聚变能应用方面具有巨大优势。

2.5　激光聚变研究的"五大支柱"

从上所述，我们是不是已经感觉到了要实现激光聚变好难？是的，的确如此！它是一项庞大复杂的系统工程，其难度远超过科学家们过去和现在的想象。激光聚变涉及的学科领域广泛，前沿、交叉的学科很多，需要当今世界最先进、复杂的工程技术支持，甚至还需突破性的新技术。业界内曾有人发出感叹："这是科学家们的梦想，工程师们的噩梦！"

我们在长期从事激光聚变研究的过程中，归纳总结后认为，激光聚变研究是一项由理论计算、驱动器设计制造、靶设计制造、实验研究和物理诊断"五大支柱"组成的，宏大的系统工程。

2.5.1　理论计算

从提出惯性约束聚变原理到选择激光聚变这条路径，从采用平面靶到设计出黑腔靶，从1束激光打靶到NIF的192束激光打靶，从激光聚变实验首次观测中子到产生接近聚变点火的聚变产额，激光聚变所有这些发展无一不是在理论计算的指导和引领下取得的。

理论计算的重要性及魅力所在，是它对整个激光聚变物理过程起到提纲挈领的作用。理论计算，首先考虑完整的物理过程和所有的物理参量需求，然后根据所需要分析的目标梳理关键物理参量，进行合理地假设，舍弃不重要的因素，得到预估。

理论计算除了基于基本物理原理的分析和原理验证实验外，更重要的还在于科学计算及计算机模拟，特别是在计算机计算能力飞速发展的今天，所以理论计算通常也被称为理论模拟计算。计算机模拟的基础是大型科学计算软件，其开发需要准确的物理建模、精密的数学模型和高效的算法与编程。同时，理论计算需要与实验研究密切配合并不断验证其准确性，以得到更接近真实情况的结果。

2.5.2 驱动器设计制造

为了在实验室开展激光聚变研究，人们制造了很多激光装置。激光器的输出能量和光束质量是最重要的指标。

激光聚变实验研究的激光器输出能量在不断快速增大。以美国LLNL为例，它设计建造了从几百焦的Janus、几千焦的Argus、上万焦的Shiva到数万焦的Nova激光器，直到目前全世界最大的百万焦级的NIF装置，而且光束质量和性能也在不断提高和完善。

这些激光器的设计和建造，全都采用的是当时最先进的技术，有许多还是专门为激光聚变研发的。

2.5.3 靶设计制造

如果用简洁的语言来描述激光聚变，那就是：将激光器发出的激光能量作用在含有DT燃料的靶上，使之发生聚变点火燃烧。由此可见靶是多么重要。

靶的设计与制造也是随着物理研究的不断深入而发展变化的。在最开始的研究中，人们曾经使用碳氘（CD）平面靶来验证利用激光实现聚变的可行性，并成功观测到了聚变中子。不过要达到一定的能量增益，则球形向心内爆实现高密度压缩是必不可少的，所以球形靶丸是目前所有聚变靶的基础形状。靶又由于激光驱动的方式不同而分为：用于直接驱动的球形靶丸、用于间接驱动的黑腔靶以及用于快点火实验的快点火靶等。

这些靶一般都很小，空间尺寸在厘米、毫米量级，其组件有的小至微米。靶的结构除平面靶比较简单外，大都十分复杂，精度要求极高，动辄用微米甚至纳米来度量。

因此，靶的设计与制造技术涉及包括物理、化学、材料等众多学科和包括微纳制造技术在内的现代顶级工程技术，可以说是对一个国家的精密加工技术的综合考验。

2.5.4 实验研究

实验研究对几乎所有科学研究来说都是不可或缺的，更何况激光聚变这样的大科学工程。激光聚变实验自从提出激光聚变这个概念以来一直都在持续不断地进行着，已经走过了六十余年的漫长岁月。人们针对不同的物理目标，设计实施了非常多的实验来进行激光聚变研究。目前大体而言，激光聚变实验研究可以根据研究对象分为黑腔物理实验、内爆物理实验以及综合点火物理实验。

激光聚变实验是一种非常复杂、难度极大、精度要求极高的综合性实验，体现了一个国家的科学实验能力和水平。我们可以想象一下，数以万焦计、十万焦计，甚至百万焦计的激光能量，在纳秒量级的极短时间内，倾注到厘米、毫米量级的靶上，是什么样的情景？在这个极端情况下，我们还必须精确地测量记录温度、密度、X射线、中子等数十项参数，并用之来分析、推断实验结果，与计算模拟结果进行比较，这又是何等的烧脑！这就是激光聚变实验。

2.5.5　物理诊断

激光聚变实验研究既是一个巨大的工程性难题，也是一项非常前沿的科学研究项目。由于其难度巨大，因此需要一系列非常重要的设备仪器来观察、测量和研究整个聚变过程。通过对可见光、X射线、带电粒子、中子等产物进行信息采集，综合分析过程背后的物理规律，来帮助人们改进设计。这样的过程，就是我们这里所说的物理诊断。

诊断不同于测量，它往往是通过对可测量数据的分析，推断出我们需要但无法直接测量的参数和数据，需要用到许多专门的科学技术知识。

激光聚变实验研究所采用的诊断设备和诊断技术都是时下最先进的，而且伴随着激光聚变理论和实验取得新的进展，不断催生了大量新的、更加先进的诊断设备和诊断技术。目前，美国NIF装置的60多套诊断设备，有相当一部分都是专门为激光聚变项目本身而研发制造的。

关于激光聚变研究的五大支柱，将在第3至7章中详细介绍，看完之后，就可以比较系统而全面地了解激光聚变研究所有内涵、进展和未来的技术发展。

第 **3** 章

引领激光聚变研究的
理论模拟计算

- 理论模拟计算的作用与特点
- 激光聚变中的模拟计算
- 用于激光聚变研究的理论模拟计算程序

激光聚变的目标是利用激光制造出微型聚变，其释放的能量有望作为能源使用。激光聚变要获得成功极不容易，需要凝聚无数优秀科学家和工程师的智慧和辛劳，这主要归因于要实现的是"微"聚变。正是因为这个"微"字，使得激光聚变的物理和工程复杂度面临极限挑战，需极为精巧的设计和制造，任何一个环节稍有偏差都有可能导致实验达不到目标。因此，首先需要有完善、精细、真实反映激光聚变客观规律的理论模拟计算，引领这一挑战性极高的研究往前走。本章将首先介绍理论模拟计算的作用和特点，然后再介绍激光聚变研究中的理论模拟计算。

3.1 理论模拟计算的作用与特点

1945年7月16日上午，世界上第一颗原子弹在美国新墨西哥州沙漠地区爆炸。大物理学家费米把笔记本里的一页纸撕碎，当他感到爆炸波来临时，即把举过头顶的抓着小纸片的手松开。碎纸飘扬而下，在费米身后2.5米处落地。费米心算之后宣布，原子弹能量相当于一万吨TNT炸药爆炸的当量。该估算结果与之后根据各种复杂测量仪器的记录数据分析得到的结果相差无几，大家都为之叹服。这个近乎传奇的故事体现了物理学家善于抓住重点、化繁为简的本事。面对纷繁复杂的现实难题，普通人雾里看花、有力无处使，科学家却可庖丁解牛、四两拨千斤地解决问题。

　　然而随着研究的深入，复杂科学问题与大科学工程单凭人脑的聪慧与传统的理论计算已难以应对，需要计算机模拟计算的大力协助。同时，随着计算机及计算技术的飞速发展，许多以前因计算量过于巨大无法完成的理论计算现在能够得以实现。因此，理论模拟计算的应用越来越普及和深入。

　　理论模拟计算是以实际应用为牵引、以理论模型为基础、以高性能计算机为依托而快速发展的一门交叉学科，在科学研究和大科学工程方面发挥着重要的作用。理论模拟计算简称模拟计算，和实验研究一起，成为推动和实现科技创新的重要研究手段。

　　具体来讲，模拟计算是指利用计算机再现、发现和预测客观世界运动规律和演化特性的过程，包括建立物理模型、研究计算方法、设计并行算法、研制应用程序、开展模拟计算和分析计算结果等过程。图3-1是一幅表示模拟计算过程的流程图，用这个图来说明对模拟计算的理解。要做模拟计算，首先需要确定一个研究对象。有了研究对象，要针对其主要特征，抓住主要矛盾，建立物理模型。所谓物理模型就是描述研究对象的一组方程以及约束方程组的初始边值条件，还有相应的物理参数。有了物理模型，需要采用与物理模型相适应的计算方法与算法，研制应用程序。所谓应用程序，形象一点说就是计算机语言编写的探案小说。对于模拟计算，现在经常使用的计算机语言有FORTRAN语言和C语言。应用程序在计算机上运行，也就是利用计算机进行计算、求解方程组，获得方程组在特定约束条件下的解。与解析理论得到的方程或方程组的解不同，计算机求得的解不是一个表达式或一组表达式，而是一个海量数据集。有了数据，需要对数据进行分析和评估，判断结果的正确性，发现新的现象，总结新的规律，认识新的机制，再现和预测研究对象的运动规律和演化特性，进而进行真实实验或产品的理论设计，产生新的知识、新的成果、新的生产力。我们经常听到计算机仿真这个说法。实际上，模拟计算的本质不是仿真而是求真。在模拟计算的流程中，应用程序研制之前的工作主要依靠研究人员，是"人脑"的事情。应用程序之后的工作不仅仅依靠研究人员，还需要有计算机硬件作为基础与前提，是"人脑"加"电脑"的事情。高性能的计算机系统和数据分析处理系统是做好模拟计算的必要条件，是模拟计算的重要组成部分。特别要强调的一点是，对于模拟计算来说，计算机是不可或缺的，但是只有充分发挥了人脑的作用，才能最大限度地发挥计算机的作用，才能做好模拟计算，达到模拟计算的根本目的。模拟计算用到的计算机也非一般计算机，模拟计算一般用到超级计算机，如我国在世界上赫赫有名的"银河""天河""神威太湖之光"等。从图3-1的分析，我们还可以看到，模拟计算需要物理、数学与计算机等方面人才的合作，需要多学科交叉融合。只有物理建模、计算方法、并行算法、程序开发和高性能计算机等方面有机结合，物理、数学与计算机等学科的人员真正融合，才能做好模拟计算。

置信度也是模拟计算能够处理复杂问题、解决实际问题的前提。什么是置信度？模拟计算的置信度就是模拟计算逼近研究对象真实程度的度量，是模拟计算的核心与根本，也是一个极具挑战性的课题。没有置信度的计算没有科学价值，仅仅是一种计算机游戏。模拟计算中的计算机"再现"主要是为了检验模拟计算的置信度，而"预测和

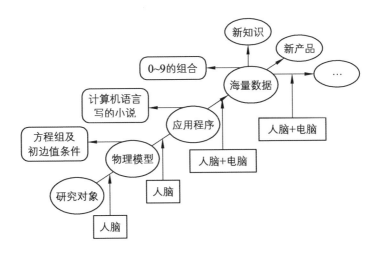

图 3-1　模拟计算流程

发现"的基础是模拟计算的置信度。

美国的模拟计算中有一项工作称为 Validation and Verification（简称"V&V"），国内把它翻译成为"确认与验证"，Validation 是研究物理模型对客观事物表征的置信度，Verification 是研究计算机得到的解对物理模型表征的置信度。

同时，需要注意模拟计算置信度与研究对象本身和计算规模的依赖关系。置信度的对象依赖性提醒我们：在做模拟计算时一定要搞清楚应用程序的使用范围，特别是物理建模的适用范围与物理参数的使用范围。众所周知的例子是：物体运动速度接近光速时，牛顿力学不再适用，需考虑相对论效应。置信度的计算规模依赖性提醒我们：要认真分析研究对象，确定适当的计算规模，在保证置信度的同时又兼顾高性能计算机资源。比如实际问题都是存在于三维空间中的，但剧烈的变化主要发生在某些维度，其他维度变化不大或由于对称可大致忽略和近似，因而可简化为二维甚至一维的问题，从而大大地节省计算资源。这种抓住重点、化繁为简的本事正是物理学家最重要的技能之一。

在真实客观系统研究的初始阶段，数值模拟以定性认识为主要目标，物理模型和计算方法比较简单，对算法和数据结构的要求也不高，代码量较少。一个人，既可以进行物理建模，又可以设计计算方法，还可以研制程序。在这个阶段，应用程序大多由物理和数学人员编写。习惯上，我们称这些程序为遗产型程序。

随着原理认识逐步由定性走向定量，数值模拟对置信度的要求越来越高，模拟计算就越来越重要。对比遗产型程序，模拟计算应用程序的主要差别在于：前者要求相对较低，在物理建模和计算方法方面不够精细，程序中含有一些经验因子，数值模拟和物理实验之间形成了强烈的依赖关系；而后者要求程序建立在科学的基础之上，去掉经验因子，实现数值模拟的高科学置信度，从而对物理建模和计算方法提出了更高的要求。为了应对这个挑战，必须开展大规模计算。所谓大规模计算，就是充分利用计算机的资源，包括处理器（CPU）、内存、输入/输出（I/O）等，高精度地求解数学物理方程。

目前，单核CPU的计算、存储和I/O能力是有限的，有限的能力只能支持有限规模的计算。为了扩大计算规模，需要增加总的CPU核数。通常是根据数值模拟的精度确定计算规模，从而确定内存容量和至少需要使用的CPU核数。如果程序运行时间很长，甚至超出计算机稳定运行的极限，高效率计算研究就非常重要了。一方面，它可以提升单核效率和多核并行效率；另一方面，它可以增加核数。如果单核效率提升1倍，并行效率提升1倍，则执行时间就可以缩短到原来的1/4；如果核数再增加到100倍，并行效率大于40%，则执行时间可以进一步缩短到原来的1/40。

模拟计算对大规模计算提出了迫切需求，而大规模计算又牵引了计算机的迅猛发展。我国在超级计算机领域发展非常迅速，十年之前，超算几乎都是美日欧的天下。但是从2013年开始，我国的"天河二号"及"神威太湖之光"超级计算机开始发威，使得我国连续5年夺得世界超算桂冠。直到2018年，美国的Summit（顶点）超级计算机才重新从中国手里夺回世界第一。但我国超级计算机数量在全球超级计算机TOP500上还是处于遥遥领先地位，总算力也居世界第二。同时，我国超算的研发重点已经移至E级计算机，它是指每秒可进行百亿亿次数学运算的超级计算机，被全世界公认为"超级计算机界的下一顶皇冠"。预计近期我国E级计算机将研发成功，届时我国很大可能将重返超算巅峰！

随着模拟计算研究的不断深入和国产高性能计算机的迅猛发展，模拟计算应用程序的研制面临计算效率低、模块化和标准化程度低的困难。为了攻克这些难题，需要变换研制思路、发展研制方法。依据学科的层次分解任务，在计算机硬件平台之上建立并行应用支撑软件框架，屏蔽并行算法和并行实现，制定模块化和标准化规范，支持并行应用程序的研发。大型模拟计算应用程序的开发，是一项涉及多学科的系统工程，如图3-2所示。为此，需要培养更多高水平的多学科交叉专业人员，研制适应不同应用领域的支撑软件框架，促进自主知识产权应用程序的研制，推动我国模拟计算的进步。

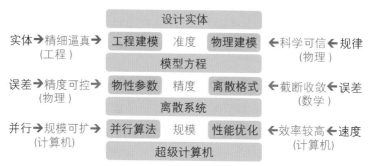

图 3-2　大型模拟计算应用程序开发示意图

3.2　激光聚变中的模拟计算

激光聚变的物理过程非常复杂，要发现其中的规律、认识其中的机理，需要理论与实验的结合，需要高置信度的模拟计算能力。激光聚变中的理论模拟计算是研究者对激光聚变理论认识的结晶，因为模拟计算是建立在物理模型与物理参数基础上的。模拟计算还是连接理论和实验的桥梁，是实验的理论设计与分析的主要手段。同时，模拟计算可以作为一种新的实验手段（即数值模拟实验）研究物理规律与机制。建立高置信度的模拟计算能力既是激光聚变研究的重要工作，也是做好激光聚变研究的必要条件。多介质大形变、多物理过程和多时空尺度是激光聚变模拟计算面临的挑战，实际构型、定量正确是激光聚变模拟计算需满足的要求。

在聚变过程中，激光进入黑腔中，被高Z的金属壁吸收，再发射X射线，这涉及原子分子物理和等离子体物理等。靶丸初始大部分是固态，在黑腔辐射的作用下，表面会等离子体化，而随着火箭效应的产生，整个球壳向心内爆，密度会达到初始密度的数百倍甚至上千倍，在这么高的压力下，需用辐射流体力学描述。在非常短的距离内，壳层多种物质状态并存并快速发展变化，密度和温度变化会达到几个数量级之多，在不同物质密度的交界面还会发展出各种不稳定性。在内爆转滞阶段，壳层动能转化为内能，达到劳森判据的要求而实现点火和燃烧，这还涉及核反应过程以及对离子输运的理解。我们会发现，不可能存在一个宏大的物理模型可以包含所有的物理过程。因此必须针对不同的需求，选择合适的模型并进行合理的简化。图3-3展示了橄榄球黑腔中密度分布的二维程序模拟结果。

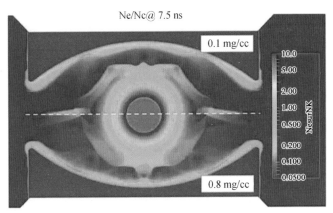

图 3-3　二维程序模拟橄榄球黑腔中的密度分布情况

下面再以描述内爆过程的辐射流体力学为例，来说明激光聚变模拟计算的复杂性。由于向心内爆整体是一个球形，因此在最初的研究中，我们可以很自然地认为内爆是各向同性的，因此只需要考虑径向因素的影响，这就是球一维（1D）模拟。在这个过程里，靶丸从表面到内部在径向方向被分成若干个网格，用以模拟整个壳层径向不同位置随着时间的变化。同时，为了减小计算量，网格并不被平均地分布在整个半径方向，而是在需要精细分辨的界面会分得更密一些。进一步说，激光通常是从柱状黑腔的两端进入，因此辐射场在靶丸靠近黑腔两端的位置和靠近径向的位置可能是不均匀的。如果还需要考虑这些因素的影响，就需要二维（2D）模拟手段。这些模拟手段帮助研究人员理解和分析了很多物理结果。不过随着研究的深入，这些模拟逐渐显出不足。例如，随着实验能够达到的靶丸收缩比增大，靶丸夹持膜、充气管、流体力学不稳定性等三维效应的影响逐渐凸显，实验结果与之前1D和2D的模拟结果差距变大，因此就需要在三个维度都进行细致的网格划分。但是，每增加一维，整个计算量将成几何级数增加，计算量迅速变大，所需要的计算资源也变得非常大，原来一维情况下只需要几分钟的模拟，三维情况下可能需要一个月时间才有可能完成，如图3-4所示。

在辐射流体程序模拟中，网格中的物质是作为一个个流元进行处理，其实还是包含了大量的粒子。在激光聚变的一些特殊研究中，就需要对单个粒子的行为进行研究。例如在对黑腔动理学的研究过程中，就需要考虑靶丸冕区喷发的离子在黑腔表面喷发的高Z金属等离子体作用下的行为。这时候，由于等离子体的密度很低，不能使用流

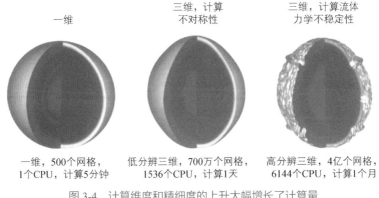

一维

三维，计算
不对称性

三维，计算流体
力学不稳定性

一维，500个网格，
1个CPU，计算5分钟

低分辨三维，700万个网格，
1536个CPU，计算1天

高分辨三维，4亿个网格，
6144个CPU，计算1个月

图3-4　计算维度和精细度的上升大幅增长了计算量

体力学研究方法来模拟，这时particle-in-cell（PIC）粒子模拟方法就派上用场了。在这种方法中，可以做到对离子的单个追踪（事实上，这些单个的离子也是一种粒子代表，被叫作宏粒子），进而考虑其在电磁场作用下的各种行为。

3.3　用于激光聚变研究的理论模拟计算程序

美国LLNL在全世界最早、最系统和深入开展激光聚变的模拟计算方面的工作，其对整个激光聚变研究发挥了引领作用。

LLNL关于激光驱动内爆的第一次计算机计算大约在1962年。这次计算使用的是雷·基德尔设计并改进的计算机程序。该程序是一个一维的、三温的（离子、电子和辐射三种温度）流体动力学程序，该程序设定通过吸收激光能量加热烧蚀层从而驱动含有气态DT的金属球壳产生球形内爆。这个计算机程序的改进版解密后取名为WAZER。

1964年8月，LLNL开展了冷冻DT的烧蚀计算，结果表明，要实现DT点火并且得到5倍中等增益（此增益为聚变产出能量与激光能量的比率），需要的激光脉冲能量至少要0.5 MJ，激光脉宽小于4 ns。1966年，WAZER模拟计算将该评估上推至3 MJ，激光脉宽小于5 ns。实现点火需要的最小脉冲能量已经比1962年的初步估算增加了30倍。

LLNL用于激光聚变过程模拟计算最有名的计算机程序是LASNEX。该程序由乔治·齐默尔曼（George Zimmerman）创造性地开发并不断更新换代，已成为LLNL最主要的ICF程序。该程序大大加快了激光聚变的发展进程，齐默尔曼也因此获得了美国能源部的劳伦斯奖。

LASNEX程序采用二维有限差分法模拟各种物理过程，包括：流体力学、能量输运、离子与电子的耦合；热辐射产生和吸收以及各种非线性过程；激光传输与吸收和聚变燃烧，包括带电聚变反应产物的非局部运输。具体可见图3-5。

LASNEX在20世纪60年代末至70年代被用于计算激光加热电子内爆裸滴靶和微爆推进靶（低密度DT气体包含在玻璃微气球中）。1969—1970年，LLNL利用比1960年强大10倍的计算机，计算了内爆的二维畸变。从20世纪70年代开始，LASNEX还用于理解激光物质相互作用和激光聚变实验的详细诊断结果。

1972年5月，在蒙特利尔国际量子电子会议上，约翰·纳科尔斯、洛厄尔·伍德（Lowell Wood）、艾伯特·泰森（Albert Thiessen）和乔治·齐默尔曼提交了一篇里程碑式的论文，随后该论文发表在1972年9月15日的国际顶级学术期刊《自然》上。他们对直接驱动DT液滴内爆的模拟计算表明：通过对驱动内爆的激光功率时间变化的恰当程

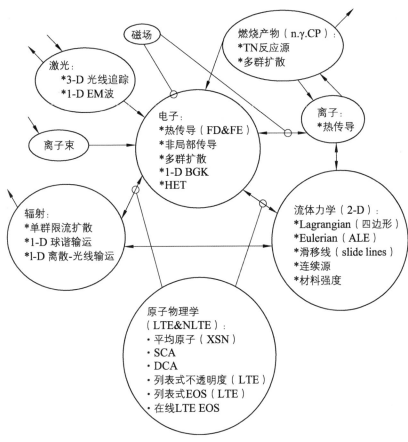

图 3-5　LASNEX 示意图
（圆圈代表各种物理要素，箭头代表不同物理要素之间的作用）

序设计，可以实现中心热斑燃料点火，同时燃料压缩可达1万倍，而且1 kJ激光能量足以产生等量的聚变能量，60 kJ激光能量足以产生30倍能量增益。文章描述的方法和结果被认为是一个"重大的突破"，极大地激发了国际上对激光聚变研究的兴趣。当然，后来的物理实验证明，这个模拟计算结果确实是太过于乐观了。

　　齐默尔曼的LASNEX程序使用了一代更比一代强大的武器计划超级计算机，其功能也迅速扩展，改进包括应用广泛的蒙特卡罗物理、激光驱动等离子体物理近似、先进的二维流体力学和能量传输。从20世纪90年代至今，LASNEX一直被用于NIF点火靶的设计。

　　目前，在用的计算机模拟程序还有HYDRA，它是基于任意拉格朗日-欧拉框架（ALE）的全三维辐射流体动力学程序，是在计算机计算速度和计算能力急速提高后发展起来的最新程序。

　　历史上，除美国外，包括苏联、中国、日本以及欧洲一些国家，也都开发了自己的模拟计算程序。其中，苏联的激光聚变研究起步很早，研究进展一度与美国几乎并驾齐驱，甚至有些方面认识更为深刻，后来因苏联解体及经济危机等多种原因而未能跟进。苏联的科学家早在20世纪70年代就已开发出许多功能强大的激光聚变模拟计算程序，对激光聚变靶进行详细计算并对不同的过程进行描述。经过不断改进，他们于20世纪90年代开发出第二代计算程序。

　　这些模拟激光聚变的非常复杂的计算机程序包括了激光聚变过程绝大多数相关物理现象，描述了设计者所能想象出来的光、电子及离子的每一种可能的相互作用，以及低温靶丸在激光或X射线照射下的收缩、靶丸内的核聚变过程。科学家们可以在激光装置上开展真实实验之前，运用这些计算机程序进行大量的模拟实验，从而对靶的设计、光束排布进行优化，对激光-X射线转换和能量分布、黑腔中等离子体变化过程、靶丸内爆压缩过程、聚变点火及能量增益等做出预测和评估。

在Nova激光装置建成并开展大量实验之后，LLNL的激光聚变理论和设计研究人员采用LASNEX及HYDRA等程序进行的计算表明，激光能量达到百万焦耳可以可靠地实现聚变点火。于是，LLNL历经千辛万苦、克服无数困难建造了NIF，该装置可输出1.8 MJ的3倍频脉冲激光，能量超过Nova近60倍。之所以选择1.8 MJ作为NIF的输出能量，是因为按照一维设计1 MJ可实现点火，为克服非理想因素并确保点火成功还预留了0.8 MJ的裕量。虽然也有人提出这个裕量可能不够，但是限于美国当时的预算条件和技术条件，也不可能建一个更大的装置。目前，科学家们已经在NIF上开展了十多年的点火研究，然而到现在为止，NIF依然没有实现点火，尽管可以说是"更加逼近实现点火"。

其实早在2005年，JASON国防咨询小组在其评估报告中就曾指出：有两个物理领域的不确定性威胁着点火，它们是激光等离子体不稳定性（LPI）和流体力学不稳定性（如Rayleigh-Taylor不稳定性，简称RTI）。现在，科学家们在分析NIF点火失败时，找出模拟计算方面的主要原因仍然与这两个问题有关。图3-6给出的模拟计算结果说明了靶丸流体力学不稳定性与混合的严重性。

虽然模拟计算程序的预测得到了大量实验结果的支持，特别是那些分解实验，但对NIF综合点火实验的预测却有失误，说明程序并未完全反映激光聚变的全部真实过程。分析认为其原因如下：

（1）工程制造的非理想性和研究人员认知的局限性。例如靶丸上微小的起伏都可能带来巨大的影响，很难事无巨细地全面考虑或准确测量。

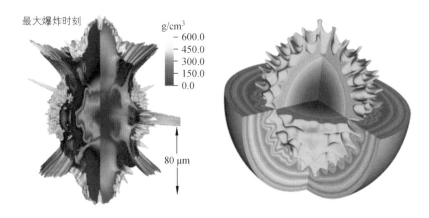

图3-6 计算机三维模拟得到的靶丸流体力学不稳定性与混合严重时的情况

（2）温度密度剧烈变化、严重非平衡、非线性快速增长等复杂物理因素的影响。例如辐射输运、状态方程（EOS）、不透明度、激光等离子体不稳定性和流体力学不稳定性等多种物理因素都极难综合考虑和精确计算，往往多个程序或多种方法配合使用仍难以满足需求。

（3）三维程序计算量过大、计算过程缓慢。简化后的一维、二维程序大幅度节省了计算量，但很多三维效应又无法考虑。

到目前为止，激光聚变的模拟计算在聚变点火燃烧这一个最重要结果上的预测还没有获得成功，让科学家们及全世界所有关心激光聚变的人感到郁闷和失望，同时也让我们看到实现激光聚变的难度前所未有、远超想象，它是那么地让人捉摸不透。也正因为如此，模拟计算的重要性更显突出，必须采取直面科学问题的策略，以严谨的科学态度发现问题并解决问题，系统地开展大量理解点火过程所遇到的重要物理问题的实验，帮助改进存在不确定性的激光聚变模拟计算程序，提高模拟能力，从而更好地设计和指导激光聚变物理实验。

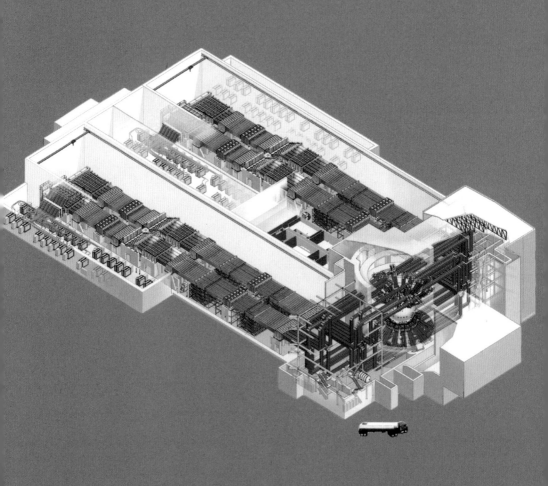

第 **4** 章

激光器

——驱动聚变的强大能量之源

自从激光被惯性约束聚变科学家认定并被选择作为驱动DT靶丸内爆产生聚变点火燃烧的最佳能量源以来，在激光聚变理论研究与计算模拟进展的引领和激光聚变项目的推动下，激光器（驱动器）的发展可谓突飞猛进、日新月异。其输出能量从百焦耳量级发展到百万焦耳量级，增加了一万倍以上；激光束数量从几束增加到上百束；同时，为有利于提高内爆效率开发了波长更短的两倍频、三倍频激光。这一过程中也发展了多种光束质量和焦斑控制技术，使激光的性能得到持续的改善和提高。激光器的发展为激光聚变研究提供了强大能量之源。从激光诞生到专门为惯性约束聚变研究建造的巨型激光器，这一路是如何走过来的呢，本章将进行详细介绍。

4.1　激光的诞生

1960年，梅曼成功演示了世界上第一台激光器。从此，激光科学技术以其强大的生命力谱写了一部典型的学科交叉的创造发明史。现在，激光的应用已经遍及科技、经济、军事和社会发展的许多领域，远远超出了人们原有的预想。激光被誉为20世纪以来，继原子能、计算机、半导体之后，人类科学史上的又一重大发明，被称为"最快的刀""最准的尺"和"最亮的光"。

激光是一种特殊的电磁波，激光的产生是100多年来科学家深入研究电现象、磁现象和光现象的结晶。1917年，爱因斯坦在光量子理论的基础上，提出了自发辐射和受激辐射的理论，即：在物质与辐射场的相互作用中，构成物质的原子或分子可以在光子的激励下产生受激发射或吸收。这个理论预言了存在着原子产生受激辐射放大的可能性，为利用受激辐射来实现微波激射器和激光器提供了理论依据。后来，理论物理学家又证明：受激发射光子（波）和激励光子（波）具有相同的频率、方向、相位和偏振。这些都为激光器的出现奠定了理论基础。但是，当时的科学技术和生产发展还没有提出这种实际的需求，所以激光也不可能凭空产生。

20世纪50年代，随着电子学、微波技术的应用发展，人们提出了将无线电技术从微波（波长厘米量级）推向光波（波长微米量级）的需求。这就需要一种能像微波振荡器一样产生可以被控制的光波的振荡器，即激光器。这也就是当时迫切需要的强相干光源。

同期，美国科学家汤斯（Charles H. Townes）和苏联科学家巴索夫、普罗霍罗夫（Aleksander M. Prokborov）等人创造性地提出了"微波受激辐射放大"的概念。1954年，汤斯等人成功地研制出了微波受激辐射放大器（Microwave Amplification by Stimulated Emission of Radiation，Maser），首次在氨分子束上实现了粒子数的反转，获得了波长为1.25 cm的微波受激放大。此后，许多物理学家都活跃在分子束微波波谱学和微波激射器研究领域。1958年，汤斯和肖洛（Arthur L. Schawlow）又抛弃了尺度必需和波长可比拟的封闭式谐振腔的老思路，提出了利用尺度远大于波长的开放式光学谐振腔实现激光器的新思想。布隆伯根（Nicolaas Bloembergen）提出利用光泵浦三能级原子系统实现粒子数反转分布的新构思。之后，全世界许多研究小组参加了研制第一个激光器的竞赛。汤斯和他的小组用钾进行了试验，肖洛也在贝尔实验室研究过如何做出以红宝石为介质的光激射器，但他们都没有成功。

当时，美国休斯公司实验室的一位从事红宝石荧光研究的年轻人梅曼，在攻读博士学位时研究的就是微波波谱学，有着丰富的红宝石微波激射器的研究经验。他在亲自测量红宝石荧光效率时，发现荧光效率高达75%，喜出望外，决定用红宝石作光激射器元件。最后，他把一个直径为1 cm、长度为2 cm的红宝石棒插在通用电气公司生产的螺旋状闪光灯的灯管中，并在红宝石两端蒸镀银膜，银膜中部留有一个小孔，以便让光射出。经过9个月的艰苦试验，1960年7月，梅曼终于制造出了世界上第一台激光器——红宝石激光器。从此，激光正式诞生了！

激光的英文全称为：Light Amplification by Stimulated Emission of Radiation，简称Laser。"Laser"一词，在我国开始被译为"莱塞"，后由钱学森院士建议译为"激光"。

4.2　激光器的一些基本知识

4.2.1　光的受激辐射

光与物质的共振相互作用，特别是这种相互作用中的受激辐射过程是激光器的物理基础。

根据量子力学理论，原子系统（包括原子、离子和分子）的电子可以出现在各种不同的分立能级上，也可以说它们处于不同的束缚态中。这些分立的能级可以用一组量子数来表征。在原子物理学中，有时几个态用同一个能级来表示，这些态叫作简并态，相应地，这些态的数目称为该能级的多重性。一个原子系统的最低能级叫作它的基态（即电子处于最低能级轨道）。在正常情况下，处于基态的原子、分子或离子的数目最多。

如果原子系统受到外界激发或原子碰撞的作用，原子系统的电子将会从一个状态跳到另一个状态。状态的改变伴随着相当于两态能级的能量差的电磁辐射的发射或吸收。这类过程可以分为三种基本过程，即自发辐射、受激辐射和受激吸收。

所谓自发辐射，是指原了在不受外界辐射场的作用下自主产生辐射的过程，每个原子的能级跃迁都是独立地进行并遵守一定的跃迁定则。大量的原子自发辐射光的发射方向、相位、偏振等都是无规则的，这样的光是互不相干的。就好比粒子从高能状态下来变成低能状态时，损失能量就会以光子形式辐射出来。如白炽灯的光源发出的光都是通过自发辐射，自发辐射发出的光还不是激光。自发辐射的光子就像街上闲散的行人，毫无组织纪律性，而且它的发生不受控制。

高能态亢奋的粒子会损失能量变为低能态进而低沉，反过来，本来低沉的粒子会不会通过某种方法获取能量而亢奋起来？会的。低能量的粒子会监视路过的光子，见到合适的就会把它捕过来，把光子的能量吸收，把自己激发到上级能态，这一过程称为受激吸收。

当然，高能量状态的粒子可能也喜欢盯着路过的光子，当有合适的光子路过时，高能粒子不是把它劫持，而是放出能量跟它走。原来的粒子损失了能量，从高能变化为低能，而变化的能量会产生一个与路过光子完全相同的光子，这个过程称为受激辐射。受激辐射是原子在外界辐射场的作用下，由高能级跃迁到低能级的辐射过程。受激辐射对入射光的光子有严格的要求，即入射光的频率只有在满足一定关系时才会激发受激辐射。受激辐射光的频率、相位和偏振态都与激发受激辐射的入射光相同。也就是说，人们无法区分哪个光子是原来入射的光子，哪个是在受激辐射过程中新辐射出来的光子。受激辐射发出的光是高度相干的。

4.2.2　激光的产生

受激辐射过程中，路过的光子从一个变成两个或多个，即出现了受激辐射光放大，那么现在所产生的光是不是激光呢？很遗憾，此时的光也还不能称为激光，还有两个重要问题需要解决，也就是前面所介绍的自发辐射和受激吸收。

首先需要克服的问题是受激吸收，如果高、低能级的粒子都同时紧盯路过的光子，那很难保证最后到底是被劫持的还是放出的光子多。而且事实上，自然条件下低能级的粒子都会多于高能级的粒子，这里就需要加入一个人为的介入，即用某种方法，让低能级的粒子都跑到高能级上去，让大家都亢奋起来。此时的状态有个很酷的名字，叫粒子数反转，或者称为激发态。

产生粒子数反转的方法因物而异，取决于用于辐射产生激光的物质，实现方法可以是通电，也可以是光照，总之一定是一种输入能量的手段。

当受激辐射远大于受激吸收时，还需要解决另一个问题——自发辐射。自发辐射是高能态粒子自然发生的，换言之只要有高能态粒子自发辐射就可能发生，更何况那些从低能态上升到了高能态的粒子，自发辐射过程显然无法阻拦。因此解决问题的思路就在于，要想办法让受激辐射远大于自发辐射。

办法就是在粒子数反转状态的工作物质前后两端加上两个反射镜，其中一端是全反射镜，另一端是部分反射部分透射的镜子，这一结构就是谐振腔。当受激辐射发生时，方向合适的光子会在两个反射镜之间反复横跳，多次通过工作物质，反复产生受激辐射，不断增强光束。激光就这样产生了。

当光束强度大到一定程度，非全反射一端的反射镜将不能有效阻拦所有光子，激光便从谐振腔中"逃逸"出来。由于两面反射镜位于特定的方向，对于方向不合适的受激辐射光，也就无法产生稳定的振荡，因此我们能看到激光有明确的方向性，这也是谐振腔筛选的结果。

这就是产生激光最基本的原理，我们在学习激光原理的时候，会被要求记住激光的三大要素，即工作介质（激活介质）、泵浦源（激励机制）、谐振腔。下面对这三大要素做进一步深入的介绍。

1. 工作介质

在一定的外界条件下，如果某种物质的两个能级之间实现了粒子数反转并对特定频率的光具有放大作用，这种物质就叫工作介质，又叫激活介质。气体、液体、固体等都可以成为激活介质。但并不是任何物质、任意两个能级间都能实现粒子数反转。对激活介质的要求是，起码要有一对适合激光产生的能级。即要求上能级有足够长的寿命，也就是原子被激发到上能级之后能停留较长的时间，从而在上能级积累较多的粒子而形成粒子数反转。同时，还要求这一对能级之间有一定强度的跃迁，以利于通过受激辐射形成光放大。

二能级系统由于只有两个能级，原子吸收光子向高能级跃迁的概率和高能级释放光子向低能级跃迁的概率相同，结果就是基态和激发态的粒子数趋于平衡，光怎么进来就怎么出去，没有增益。因此，二能级系统不能产生受激辐射光放大。所以至少需要一个亚稳态，可以持续保持较高粒子数，实现粒子数反转，实现总增益。

三能级系统可以满足实现总增益的条件，但也存在一定问题。在外来光辐射的作用下，处于基态的原子被激发到中间态，中间态有较长的自发辐射寿命，因此，只要外界光辐射足够强，就能够使得处于中间态的粒子数超过基态粒子数，从而实现粒子数反转。但是，在三能级系统中，由于下能级是基态，在热平衡状态下，基态集聚着大量的原子，因此要实现中间态的粒子数大于基态粒子数，必须有非常强的外界激励。这一点在实际的工作中存在一定的制约。

在实际的激光器中，广泛采用的是四能级系统。因为，在四能级系统中，为了在第三能级与第二能级之间实现粒子数反转，只需要系统中原子从第三能级到第二能级的跃迁速率小于从第二能级到基态的跃迁速率，而不必依赖于外界的激励速率。这样的条件，比起三能级系统中的条件是要容易实现的。之所以会如此，其根本原因是在四能级系统中使用了原子数目较少的一个激发态作为产生激光的终态，而不是利用原子数目很多的基态作为产生激光的终态。虽然四能级系统相比三能级系统，不依赖于外界的激励速率，但实际上，为有效地运行激光器，仍然要求系统有较大的激励效率，因为粒子数反转程度与激励速率直接相关。

2. 泵浦源

从上述分析可以看出，要想使受激辐射光放大，首先需要实现激活介质的粒子数反转。要实现粒子数反转，则必须利用一些激励向工作介质输入能量，将物质的原子或分子从低能态激发到适合的高能态上去，即泵浦（激励）源。

传统的泵浦（激励）机制有四种。一是光学泵浦。它是用宽频分布的闪光灯来激励介质。三能级或四能级系统中具有很大线宽的激发态，可以捕获大量的闪光灯的光子，然后再通过无辐射跃迁，将激发能转移到较高的、可以产生激光的能级上，实现粒子数反转。在固体激光器和液体激光器中，这种光学泵浦是主要的激励机制。

二是带电粒子碰撞激发。在产生激光的气体介质中射入电子束或进行连续放电，气体中的自由电子和原子（或离子）之间的非弹性碰撞便能产生激发态，这些激发态通过碰撞再将能量转移到产生激光的上能级去。这种由自由电子激发和通过碰撞进行能量转移的方式是气体激光器的主要激励机制。还有一种共振碰撞能量转移方式，它的机理是某些特殊元素的激发可以有选择地通过共振碰撞把能量转移到另一元素的特殊能级中去。

三是气体动力学能量激发。这种方式是利用迅速加热或迅速冷却某种气体的方法来获得粒子数反转，比如高功率的CO_2激光的获得。

四是化学反应激励。即利用化学反应释放的能量作为泵浦源。因为许多化学反应的产物都处于激发态，因此化学反应可以使分子气体的粒子数反转。

3. 谐振腔

谐振腔是激光器的重要组成部分，它不仅为获得激光输出提供必要的条件，同时还对输出激光的谱线频率、谱线宽度、激光输出功率、光束发散角等产生很大的影响。一般激光器采用开放式的谐振腔，这种谐振腔是由两个相对的光学反射镜按照一定方式组合而成，而其余四个侧面则是开放的，激活介质就在腔中，它在外界激励源的作用下产生粒子数反转。两面反射镜既可以是平面镜也可以是球面镜，其中一个反射镜镀高反射膜，称为全反射镜；另一个反射镜则部分反射部分透射，称为输出镜。

激光谐振腔的开腔结构产生了闭腔结构所没有的横向逃逸和衍射等损耗，大大压缩了振荡模式数，从而有利于提高激光的单色性。同时，谐振腔能限制激光的振荡模式，使激光有较好的空间相干性和时间相干性。因此，精心设计和选择谐振腔的参数至关重要。

4.2.3 激光的特性

激光之所以被誉为"神奇的光"，是因为它具有普通光完全不具备的特性。

一是单色性好。光是一种电磁波。光的颜色取决于它的波长。普通光源发出的光通常包含着各种波长，是各种颜色光的混合。如太阳光包含红、橙、黄、绿、青、蓝、紫七种颜色的可见光及红外光、紫外光等不可见光。而激光区别于一般光源的一个显著特征就是单色性好，即某种激光的波长一般只集中在十分窄的光谱波段或频率范围内。首先，激光是由激活介质特定能级间的受激辐射产生的，因此，相应的激光也只能在有限的光谱范围内产生；其次，即使在上述光谱范围内，也只有在激光腔中满足谐振条件形成驻波才能振荡放大，产生激光输出，激光的频率范围受到压缩。在激光器输出的光束中，若只有一个振荡频率，就叫作一个振荡模式，简称单纵模。这样的激光单色性好。激光的单色性是用频率变化范围（即谱线宽度）与频率的比值来描述的。由此可知，谱线宽度越小，激光的单色性越好。如常用的氦氖激光器，它的波长为632.8 nm，其波长变化范围不到1×10^{-4} nm。

二是相干性好。激光的相干性分为空间相干性和时间相干性，分别表示空间不同位置光波长某些特性之间的相关性和空间点在不同时刻光波长之间的相关性。激光的空间相干性与方向性密切相关。当光束发散角小于一定程度，光束才会具有一定的空间相干性。时间相干性与光源的单色性直接相关。光源原子一次发光时间越长，通过双缝干涉观察到的条纹越多，我们就说时间相干性越长，而光源原子发光时间就称为相干时间，相干时间内的波列长度叫作相干长度。相干长度越长，干涉条纹越清晰，表示相干性越好。

三是方向性强。激光的方向性强是它的又一个显著特点。所谓方向性强，就是说激光的发散角小。激光的发散角是由激光谐振腔结构和激活介质特性所决定的。激光的发散角小，表明激光很容易被聚焦成一个小小的斑点，从而获得高能量密度。因此，这就使激光成为一个高能量密度和高功率密度光源。普通光源（太阳、白炽灯或荧光灯）向四面八方发光，而激光的发光方向可以限制在小于几个毫弧度甚至几个微弧度的立体角内，这就使得在照射方向上的照度提高千万倍。激光每二百千米距离扩散直径小于一米，而普通探照灯几千米外就扩散到几十米。

四是亮度高。亮度是指光在传播方向上单位面积、单位立体角内发射的功率。一台高功率激光器输出的光亮度可以高出太阳光亮度的10倍以上，只有氢弹爆炸瞬间产生的强烈闪光才能与它相比。

五是谱线范围广且具有可调谐性。各种不同激光波长所覆盖的范围相当宽。从远红外激光到X射线激光，波长可以从毫米到纳米，相应的光子能量可以从0.1 eV到100 eV，甚至达到1000 eV的量级。此外，即便是同一台激光器，也可以通过一定的技术手段，使其输出光的波长在一定范围内变化，即波长调谐。

4.2.4　激光器的分类

激光器有多种分类方式。

目前，最常见的分类是按照工作介质类型分类，可分为固体激光器、气体激光器、液体激光器、半导体激光器和光纤激光器。固体激光器的介质是类似红宝石棒或其他固体结晶材料。为有效工作，固体介质必须掺杂，这是一种用杂质离子代替一些原子的过程，使其具有恰当的能级以产生一定精确频率的激光。气体激光器使用稀有气体或二氧化碳（CO_2）等气体作为介质。液体染料激光器使用有机染料分子的溶液作为介质。半导体激光器是用半导体材料作为工作物质的激光器，常用的工作物质有砷化镓（GaAs）、硫化镉（CdS）、磷化铟（InP）、硫化锌（ZnS）等。光纤激光器是用掺稀土元素玻璃光纤作为增益介质的激光器。

如果按覆盖波长来分，可分为远红外激光器、红外激光器、可见光激光器、紫外激光器、深紫外激光器以及X射线激光器与γ射线激光器等。

如果按激励方式不同，可分为光泵浦激光器、气体放电泵浦激光器、气体动力学能量泵浦激光器以及化学能激光器等。

如果按工作方式不同，可分为连续激光器、脉冲激光器以及超短脉冲激光器等。连续激光器指的是激光是连续输出的；而脉冲激光器指的是在外界触发下输出一个或一些列脉冲的激光器，脉冲宽度一般为纳秒（$1\,ns=10^{-9}\,s$）级以上；而超短脉冲激光器通常指脉冲宽度在纳秒以下的激光器，包括皮秒（$1\,ps=10^{-12}\,s$）激光器、飞秒（$1\,fs=10^{-15}\,s$）激光器及阿秒（$1\,as=10^{-18}\,s$）激光器，甚至仄秒（$1\,zs=10^{-21}\,s$）激光器。

从输出功率的大小来看，其中连续的输出功率小至微瓦级，大到兆瓦级（$1\,MW=10^6\,W$）。脉冲激光器输出的能量可从纳焦级至十万以上焦耳。对于脉冲激光器，提到其输出功率，一般是指脉冲能量与脉冲宽度的比值，指的是激光脉冲的瞬时功率或叫峰值功率。不同行业对低功率、中功率和高功率的定义不同。

各式各样的激光器满足不同的应用需求。如激光加工和某些军用激光都要求高功率激光或高能激光（即所谓强激光）。有的希望脉冲时间尽量缩短，以从事某些超快过程的研究。有的还对提高光的单色性、改善输出光的模式、改善光斑的光强分布以及波长可调谐等提出了很高要求。这些要求促使激光器的研究者不断探索，从而使激光器的探索深度和应用广度得到前所未有的发展。

4.3　用于激光聚变研究的高功率激光器

从前面的章节中，我们知道，要实现惯性约束聚变，等离子体必须得到高度压缩并获得极高的温度。显然，这只有靠高功率的激光驱动器才能实现。为了激光聚变研究的需要，目前世界上许多国家（中国、美国、英国、法国、日本、俄罗斯等）都在开展高功率激光器的研制工作。

在激光聚变研究中，已经使用过和正在发展的激光器有CO_2激光器、钕玻璃激光器、准分子激光器以及自由电子激光器等。其中，CO_2激光器基本已经不用作激光聚变驱动器了，钕玻璃激光器是目前主流的激光聚变驱动器，准分子激光器和自由电子激光器由于某些优越的特点也还在研制和发展中。

4.3.1　CO_2激光器

CO_2激光器是气体激光器，它以气体作为激活介质。气体的原子或分子的光谱较之固体束缚态原子的光谱要简单得多，因为气体原子只有通过碰撞发生相互作用。它们没有宽的吸收带，所以泵浦气体激光器不能用闪光灯，而是用电子轰击激发或用共振原子碰撞产生激发转移。

激发气体激光器的机制，最通常的是放电过程中的电子直接激励。在放电过程中，被加速的电子同原子发生非弹性碰撞而将原子激发到高能态。这种激发方式能直接产生粒子数反转。但更多的是通过原子或分子的共振碰撞。在产生激光的气体中，常引入一种具有接近产生激光的上能级的另外一种气体，然后通过能量转移产生粒子数反转。

通过电子直接激发，在CO_2分子的上下能级之间产生粒子数反转，但反转数不高、增益不大。如果在CO_2气体中加入氮气（N_2），通过CO_2分子和N_2分子振动能级间的共振转移，则可以大大提高CO_2的粒子数反转程度。所以，在CO_2激光器的运转中，N_2和CO_2之间的共振能量转移过程起着主要作用。粒子数反转建立后，通过能级之间的跃迁，产生波长分别为10.6 μm和9.6 μm的激光。

在产生高功率的激光束方面，CO_2激光器的主要优点是：用电子束维持高压放电，容易激发大体积的激活介质；用放电直接激活气体，能量转换率高（约10%）；高速气流允许高重复频率运行；量子能级的本征效率足够高（约40%）。这些优点一度使之在激光聚变研究中受到重视。美国的洛斯阿拉莫斯实验室曾建造了可以输出8束激光的CO_2激光器Helios，其输出能量为10 kJ，脉冲宽度为1 ns。

但是，CO_2激光器作为驱动器的主要问题在于它的波长太长，而实验已证实，长波长的激光的能量沉积会产生大量的超热电子，这些电子引起靶芯预热，对燃料的有效压缩不利。因此，很早以前国际上就已不用CO_2激光器来作惯性约束聚变的驱动器了。

目前的CO_2激光器主要用于工业加工，如激光切割、焊接、钻孔和表面处理。此外，由于水在CO_2激光器的发光频率内极易挥发，因此也常常被用于医疗，如激光嫩肤、祛斑等。

4.3.2　自由电子激光器

自由电子激光（FEL）是基于真空中自由电子产生的辐射激光，是一类不同于以上传统激光器分类的新型高功率相干辐射光源，可以说它的工作介质就是自由电子。与传统激光最主要的区别在于：辐射波长不依赖于受激介质（一般激光器的工作介质为固体、液体或气体），仅与电子束的能量和波荡器（用于辐射的周期性磁场）有关。它是使一束速度接近光速的相对论电子在周期性的外磁场作用下处于"受激辐射"状态，从而得到受激的光放大。自由电子激光具有波长完全可调谐的特点，可以获得其他激光器不能实现的波段，相应波长可覆盖从太赫兹至硬X射线甚至γ射线的范围，被称为21世纪最先进的光源之一。其中，太赫兹、红外、极紫外、X射线波长范围内的自由电子激光分别称为THz-FEL、IR-FEL、EUV-FEL、XFEL。

自由电子激光装置主要包括加速器、波荡器和光束线系统三部分（图4-1），基于加速器产生的相对论电子束，通过波荡器的周期性磁场产生以受激辐射方式放大的相干辐射，按照放大增益的不同，自由电子激光主要分为低增益和高增益两种机制。

自由电子激光有如下优点：①波长任意可调。自由电子激光的波长可以通过改变电子束能量来改变，理论上可以获得从远红外到X射线波段的所有波长的自由电子激光。②光束质量好。自由电子激光辐射在横向是全相干，在纵向是部分相干甚至全相干，具有很好的偏振性；自由电子激光的工作介质由于是电子束本身，不存在工作物质温度升高引起的谱线宽度增大，因而光束质量比一般的高功率激光器

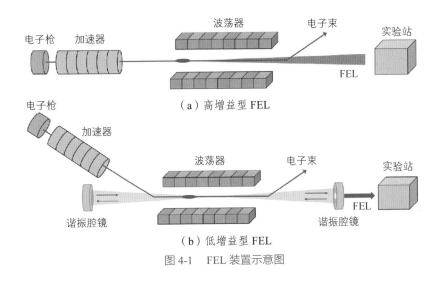

图 4-1 FEL 装置示意图

要好得多，可以得到高亮度的自由电子激光。③峰值和平均功率高。一般激光器当功率放大到一定程度时，工作介质的受激状态就会被破坏——"击穿"，而自由电子激光器的工作介质就是电子束本身，工作环境为真空，不存在热处理问题，即不存在"击穿"问题，因此可以实现高功率的自由电子激光输出，理论上不存在绝对上限。

自1971年首次提出自由电子激光原理以来，世界上建成了50多台自由电子激光装置，还有超过20台的在建或拟建装置。

自由电子激光具有的优点使其受到激光聚变研究的关注。美国LLNL曾提出自由电子激光聚变驱动器的设想。当然，要用于激光聚变研究，自由电子激光还必须发展得比较成熟，要有较大的功率。因为，激光聚变所要求的激光器功率达到数百太瓦（1 TW=10^{12} W），要求相应的加速器有更高的功率，自由电子激光器的输出功率还有较大差距。

作为21世纪最先进的光源之一，FEL主要用于产生其他光源不易产生的激光波长、高峰值功率和高平均功率的激光。当前，FEL广泛应用于凝聚态物理、先进材料与表面物理、原子分子物理、化学、生物等基础科学研究，推动了战略安全、航空航天、能源环境、医药、化工、高端制造等领域的重大技术革新。这类新型装置促进科学研究方法和模式革新，有望开辟新的科学前沿来引发科技和产业革命。尤其是作为新一代探针光的X射线自由电子激光（XFEL），使得人类能够首次深入物质内部来实时观测原子和分子的纳米、微米尺度的演化图像，进而操控电子、分子、原子甚至原子核的状态。

4.3.3 氟化氪（KrF）激光器

氟化氪准分子是一种短寿命的分子，它只存在于激发态，上能级的寿命只有纳秒量级，其基态原子间具有排斥力，极其不稳定。它产生激光的上能级为最低的激发态，由于基态寿命短，所以下能级基本上是排空的，因而只要能产生激发态的准分子，就等于建立了粒子数反转。

氟化氪准分子的受激发射截面大，而且下能级几乎是排空的，所以它的发光效率高。氟化氪激光的辐射包含很多波段，其最强的辐射波段集中在248 nm附近。248 nm属于深紫外（Deep Ultraviolet，DUV）波段，非常有利于激光聚变研究中的直接驱动方案，束靶耦合效率较高，而且氟化氪准分子气体激光器还具有激光脉冲光束能量空间分布非常均匀的特点（均匀度在98%左右），其空间分布均匀性优于短波长玻璃固体激光器。另外，氟化氪气体激光器的脉冲输出带宽为1~3 THz，可更加方便地进行光束分布匀滑方面的控制；氟化氪准分子气体激光驱动器的增益介质为气态的氟化氪准分子，具有泵浦增益高、非线性效应极低、输出脉冲波长短、近衍射极限等特点。相比短波长玻璃固体激光器，氟化氪气体激光器可以获得能量更高且光斑体积更小的聚焦光斑，具有更高的能量密度。它所具有的这些独特优势，使其成为激光聚变研究重要的候选驱动光源。

氟化氪激光是美国科学家布劳（Charles A. Brau）和尤因（James J. Ewing）等人在1975年首先获得的。那时，其脉冲输出能量仅为100 mJ。由于氟化氪准分子激光器具有异于短波长固体激光器的特性，目前世界上的不少国家都先后开展了一系列的重要研究计划，围绕激光聚变进行了相关的实验研究，并在现有技术基础上设计和建造了一大批氟化氪高功率激光驱动核聚变点火装置。表4-1列出了目前世界上一些主要的大型氟化氪准分子激光系统和相应的参数。

表 4-1 大型氟化氪准分子激光系统及相应的参数

激光装置	实验室	能量 /J	脉冲宽度 /ns	功率 /W
英国 Spirite	卢瑟福 - 阿普尔顿	200	60	0.3×10^{10}
英国超级 Spirite	卢瑟福 - 阿普尔顿	7000	4	1.8×10^{12}
美国 Aurora	洛斯·阿拉莫斯	10000	500	2×10^{10}
美国 Nike	海军实验室	3000	4	8×10^{11}
日本 Ashura	电气技术研究所	1000	100	1×10^{10}
日本 Ashura	电气技术研究所	500	10	5×10^{10}
日本 Ashura	电气技术研究所	5	0.005	1×10^{12}
中国天光 I 号	原子能研究院	200	100	0.2×10^{10}

1988年，美国洛斯·阿拉莫斯国家实验室研制的Aurora氟化氪准分子激光系统输出了2.5 kJ、5 ns的高能激光脉冲。

1995年，美国海军实验室研制了Nike氟化氪准分子高功率激光系统，输出了3 kJ、4 ns的高能激光脉冲。

1996年，英国卢瑟福实验室建成的Titania氟化氪准分子激光装置得到1.7 kJ、50 ns的高能激光脉冲。1999年，日本电子技术实验室建成了Super Ashura氟化氪准分子激光装置，得到2.7 kJ、20 ns的高能激光脉冲。

近年，美国海军实验室在Nike氟化氪准分子激光系统的基础上，升级研制了Electra氟化氪准分子高功率激光系统。Electra装置主要面对未来的惯性约束聚变能源（IFE）计划，包括热管理与光学损耗在内，其插头效率达到7%。Electra装置输出激光能量700 J，主要目的在于发展满足聚变能源应用的高重复频率、高效率与高续航能力上，在2.5 Hz的重复频率下可以连续工作10 h，5 Hz重频频率下可以连续工作100 min。

在著名核物理学家王淦昌先生的领导下，1984年我国开辟了氟化氪准分子激光聚变研究的新领域。在王乃彦院士带领下，中国原子能科学研究院核技术应用研究所研制的"天光一号"装置，作为目前国内最大的氟化氪准分子气体脉冲激光驱动装置，承担了我国在该领域的主要研究任务，也是世界知名的高功率准分子激光装置，与国内外众多研究机构开展了全面的交流与合作。

如前所讲，氟化氪激光应用于惯性约束聚变有许多吸引人的优点，但它也有一些不足之处。它的输出功率受到相当低的饱和通量和相当大的非饱和吸收损失的限制，输出功率密度受限。另外，其光学组件的损伤对实际运行的通量也有限制。

这里要特别提到的是，最近美国海军实验室开始探索ArF准分子激光器用于激光聚变研究。ArF激光器可以产生193 nm的激光，由于其具有更短的波长，有益于提高靶面激光能量转换效率，降低激光等离子体不稳定性。此外，短波长激光具有较高烧蚀压力，从而可以提高流体力学效率。可以说，ArF激光器作为ICF激光驱动器，也极具吸引人的潜质，但目前仅处于初始阶段，并且依然将面临氟化氪准分子激光所面对的通量受限等问题。

4.3.4　钕（Nd）玻璃激光器

目前，在激光聚变研究中广泛使用的高功率激光器是基于固体介质钕玻璃激光器。

钕玻璃激光器用于惯性约束聚变研究有一些固有的优点：一是具有很高的能量储存能力，钕玻璃的储能密度可达到焦耳量级每立方厘米；二是具有可变的脉冲宽度，用这些激光器能有效地产生脉宽在几个皮秒到几个纳秒的高能激光；三是可定标放大到高能量和高功率；四是它们产生的激光波长可以改变，通过高效率的频率转换技术，固体激光器能产生从近红外到远紫外的激光；五是近60年来人们在设计、建造和运行固体激光器方面积累了大量的经验，为设计建造经济、可靠、灵活的激光系统打下了坚实的基础。这些特点决定了高功率的钕玻璃激光器是激光聚变比较理想的驱动器。

钕玻璃是在硅酸盐或磷酸盐玻璃中掺入适量的Nd_2O_3制成的，其中的掺杂粒子Nd³⁺为激活介质，很大程度上决定了激光放大器的增益特性。泵浦光在通过钕玻璃放大器时，激光玻璃中的Nd³⁺吸收泵浦光，跃迁到激光上能级，即完成激光放大过程。

钕玻璃激光运行在四能级系统，如图4-2所示。钕离子在吸收不同能量的光子后，从基态激发到若干高能级态上去。这些激发态通过辐射过程跃迁到发射激光的上能级$^4F_{3/2}$上去。这是一个具有较长寿命的亚稳态。由这个态再向较低的能级跃迁会发射激光，其中以1.06 μm的荧光谱线强度最大。这种系统较高的激发上能级具有较宽的吸收带，因此可采用光学泵浦。而激光能级终态（产生激光的下能级）距基态较远，在常温下其原子密度小且很快转移到基态上去，所以只要上能级有少量的粒子数就能实现粒子数反转。

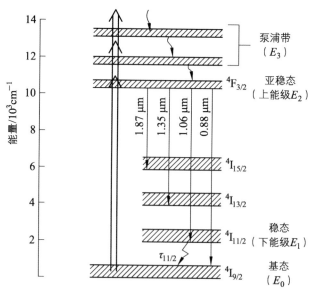

图 4-2　Nd³⁺ 离子的能级结构

由于玻璃是一种非晶物质，在玻璃中钕离子的发射线宽通常宽于它在晶体中的线宽。大线宽的结果是使得玻璃系统具有较低的受激辐射截面和自发辐射损失。大线宽也有益于用钕玻璃激光器产生极短的激光脉冲。此外，高功率、高能量的钕玻璃激光器可以设计得相当紧凑。这些，对激光聚变研究是很重要的。

1. 钕玻璃激光器的泵浦源

在钕玻璃激光器中，充有稀有气体的闪光灯是很理想的泵浦源。因为钕玻璃有很宽的吸收特性，闪光灯是将电能转换成光能的有效转换器。它们能在人们感兴趣的时域（几百微秒到毫秒）中可靠地、有效地运行，它的价格也比较便宜，且容易做成比较大的尺寸与大口径钕玻璃匹配。用在钕玻璃激光器中的典型的充氙（Xe）闪光灯（图4-3），其辐射效率高达80%以上。模拟实验表明，钕玻璃对闪光灯输出的吸收效率主要依赖于Nd^{3+}的面密度。当吸收主要发生在可见光谱时，从闪光灯吸收的能量只有60%用于实现粒子数反转。但闪光灯泵浦的激光器，只能单次运行。

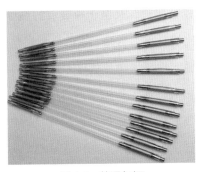

图 4-3　普通氙灯

随着惯性约束聚变电站概念的提出，需要使用重复频率的泵浦源以实现激光器的重频运转。因此，科学家们发展了利用二极管激光器（Diode Laser，DL或LD）作为泵浦源的固体激光器，这类激光器统称为二极管泵浦固体激光器（Diode Pump Solid State Laser，DPSSL）。但由于目前DL的成本依然很高，高功率钕玻璃固体激光驱动器的泵浦源依然主要是闪光灯。

2. 钕玻璃激光器的放大器

棒状放大器是最早应用的固体激光放大器，并一直广泛用在大多数的钕玻璃激光系统中。一支典型的棒状放大器，钕玻璃激光介质呈圆柱形，其周围环绕着闪光灯，在介质外包着一层充有液体的外套以便耗散泵浦产生的热量。经高压放电，氙灯发出的闪光将Nd^{3+}离子激发到高能态，实现粒子数反转。

棒状放大器的价格便宜、装配简单、容易维护、效率较高，它在小孔径和低功率时具有优势。在高功率钕玻璃激光系统中，受钕玻璃负载强度及非线性小尺度自聚焦的限制，输出激光功率的提高总是以扩大工作物质的口径为代价。又由于钕玻璃的热导率低，大口径棒状放大器光泵热畸变比较严重，对激光束的质量影响较大。

高功率钕玻璃激光器多采用片状放大器（图4-4），它是侧面泵浦的，允许通光口径很大，而工作物质的厚度较薄，热致波前畸变小，这不仅可减少自聚焦的破坏，还可以保持光泵的均匀性。并且，因玻璃变热所引起的光程变化在光束截面内各点近似相等，因而"热光像差小"。另外，钕玻璃片倾斜于光路放置，既降低了透射损耗，又加大了内部光束的有效截面，进一步提高了负载能力。

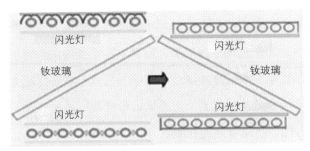

图 4-4　一种片状放大器的结构

3. 钕玻璃激光器的材料

激光聚变所用的高性能激光玻璃（图4-5）要求具有高的增益系数（受激发射截面与荧光寿命之积），低的非线性折射率，很高的机械强度及热学和化学稳定性，以及非常好的光学性质等。钕玻璃作为目前激光聚变驱动器首选工作介质，具有良好的光学均匀性、较大的受激发射截面（$\sigma = 3.7 \times 10^{-20} \sim 4.5 \times 10^{-20}\,cm^{-2}$）、较小的非线性折射系数

图 4-5　钕玻璃片

（n_2=0.91×10^{-13}～1.15×10^{-13}esu）、较长的荧光寿命、易于加工成大的尺寸、高的储能以及较高的损伤阈值等优点。

实用或接近实用的激光玻璃基质为硅酸盐玻璃、磷酸盐玻璃和氟磷酸盐玻璃。20世纪70年代后期，有研究称掺钕的BeF$_2$有可能是用于激光聚变激光系统的最佳玻璃成分，因为它具有良好的激光特性，特别是非常低的非线性折射率，但是因玻璃性质、防护、加工性能、制造工艺等原因，目前应用尚有局限。

硅酸盐钡冕玻璃是最早实现受激发射的玻璃。钡冕玻璃有较长的荧光寿命、较高的量子效率、良好的化学稳定性、良好的光学均匀性、优越的热机械性等，其制作工艺简单、成熟。商用化典型的硅酸盐玻璃为美国Owens-illinois公司于1976年研制生产的ED-2激光玻璃，属于锂铝硅酸盐玻璃，因其具有较高的受激发射截面，被用于早期建造的高功率激光装置中。硅酸盐玻璃虽然生产相对容易，但因其具有低或中等增益截面，提取效率小，且具有高的非线性系数和高的铂金杂质含量，因而被磷酸盐玻璃取代。

磷酸盐玻璃商品出现于1975年，日本保谷首先研制出LHG5玻璃。相比硅酸盐玻璃，磷酸盐玻璃具有以下优点：受激发射截面大、增益系数高、量子效率高、非线性折射率低、荧光强度高，尤其是低的非线性折射率n_2，降低了短脉冲高功率激光作用下因玻璃的非线性光学效应所导致的激光玻璃损伤。由于磷酸盐玻璃具有以上较好的综合性能，早在20世纪80年代，就已代替了硅酸盐玻璃广泛应用于大型高功率激光聚变激光装置中。时至今日，磷酸盐玻璃依然是用于世界上大多数高功率固体激光器的激光基质材料。我国上海光学精密机械研究所自行研制的N_{21}、N_{31}、N_{41}等型号的磷酸盐激光钕玻璃，都是用于我国神光系列高功率激光装置的放大器工作物质，其中N_{31}的光学质量全面达到国际水平，N_{41}甚至具有更优越的性能。

氟磷酸盐激光玻璃的发展是随着高功率激光的性能要求而提出的。由于非线性效应限制了高功率激光器功率密度的提高，降低n_2成为高功率激光系统对材料的主要要求之一，激发着人们不断寻找新的合适的基质材料。氟磷酸盐玻璃由于具有比磷酸盐玻璃还低的n_2，引起了研究人员的注意。除具有低的非线性折射率，氟磷酸盐玻璃同时结合了氟化物玻璃激光系统的一些关键激光特性与磷酸盐的较好的熔制特性，还具有适当的受激发射截面和荧光寿命，作为大口径片状放大器的工作物质，能使整个系统获得最大的增益。但是目前由于氟磷酸盐玻璃从制作工艺到性能测试都很不完善，尤其是氟磷酸盐玻璃中相当高的铂金（Pt）含量很快排除了其在高能激光系统中的应用，因而尚未在高功率激光系统中采用。

特别说明，掺钕的硅酸盐玻璃、磷酸盐玻璃和氟磷酸盐玻璃其最强的输出谱线基本都位于1.05 μm附近，因此，目前的高功率钕玻璃激光系统的基频中心波长都在1.05 μm附近。

4. 高功率钕玻璃激光器基本构成

用于激光聚变研究的高功率激光驱动器，历经数十年发展，输出功率越来越高，系统结构等也随之而变化。现在用于激光聚变研究的高功率激光驱动器，是运行在高功率、高负载条件下的大型甚至被称为"巨型"激光装置，其结构复杂、规模庞大、建造费用高昂，且建造过程涉及一系列多学科物理、技术和工程问题。

高功率固体激光驱动器主体光路主要由前端系统、预放大系统、主放大系统、靶场系统等组成。此外，还包括光束控制与测量和计算机集中控制等辅助支撑系统。图4-6给出了高功率激光驱动器的主要系统关系，图4-7展示了高功率固体激光驱动器的总体构成。

前端系统一般采用光纤作为工作介质，主要由振荡器、光纤放大器、任意波形发生器等器件组成。为整个装置提供高稳定、有一定光谱宽度、一定时间波形分布的脉冲宽度在数十纳秒至亚纳秒可变化的激光脉冲，脉冲能量百纳焦耳量级。前端系统采用全光纤模块化机柜式的设计。

预放大系统将光纤传输的点光源转换为空间有一定口径大小的光束，并将其放大10^9倍，达到焦耳量级输出，并对光束空间强度分布进行主动调控，满足后续放大的要求。

主放大系统由空间滤波器、隔离器、多级片状放大器等组件组成，主要涉及功能是进一步将预放大系统输出的激光能量放大至$1 \times 10^5 \sim 2 \times 10^5\,J$，是整个装置能量的主要来源。为获得如此高的能量同时在高功率条件下（GW/cm^2量级）避免光学元件的损伤，需要将光束口径扩大，并采用数十米长的真空条件下工作的空间滤波器对光束的高频不均匀调制进行消除，因此，主放大系统也是装置体积和占地面积最大的组成部分。为达到百万焦耳的总能量输出，并尽量减少装置规模，装置的主放大系统往往采用阵列化结构将数百路激光组合起来进行放大传输。例如，美国NIF将输出的192路激光编组成24束组激光输出，每个束组为4×2组合，为阵列结构。

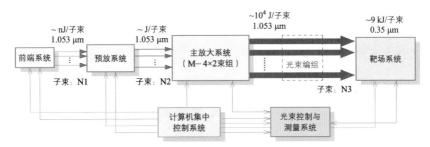

图 4-6　高功率激光驱动器的主要系统关系

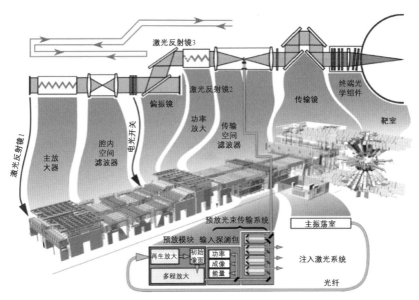

图 4-7　高功率固体激光驱动器的总体构成

　　靶场系统由频率转换组件、光传输组件、终端聚焦光学组件、真空靶室、靶三维瞄准定位组件、靶场桁架及支撑等组成。其功能是将主放大系统输出阵列光束通过光传输系统传输至靶室，并将1 μm波段的基频光转换为打靶所需的三倍频光，将光束聚焦整形成直径为1~ 2 mm大小的焦斑，保证注入真空靶室中的黑腔靶靶腔并能针对靶丸进行三维调整。

4.4 高功率固体激光驱动器的发展历程

激光聚变研究不但在能源方面具有重要意义，而且因其研究对象以及过程的特殊性，对一个国家的国防和战略安全也是至关重要的。中国、美国、法国、俄罗斯、日本等许多国家都投入了大量的人力和经费开展了相关研究。随着激光聚变理论研究和计算模拟的不断深入和完善，实验研究也更加深入、系统和拓展，相应地，激光装置的复杂度和尺寸也不断扩大，激光能量输出以惊人的几何级数增加。下面对世界上开展激光聚变研究的主要国家的高功率钕玻璃激光器发展历程分别做一介绍。

4.4.1 美国激光聚变驱动器发展

从1960年初激光聚变概念一提出，美国科技界特别是LLNL，就以极大的兴趣和热情开展了相关理论与实验研究。美国激光驱动器的发展与激光聚变理论和实验研究的发展是同步的，大致可以分为三个阶段：早期阶段（20世纪60年代初至80年代初）、Nova与Omega时代（20世纪80年代初至90年代中）和NIF时代（20世纪90年代中至今）。

1. 早期阶段

1971年，LLNL开展了一项保密的激光聚变实验研究的计划。LLNL利用Janus激光器打靶，首次产生中子。Janus激光装置采用Nd：YAG激光介质，激光波长1.064 μm，有2束激光，单束输出100 J，激光脉冲宽度30～300 ps，总能量200 J@300 ps。该装置的种子光由被动锁模的染料激光器提供，当时激光输出受限于光学膜层的损伤。

1974年5月1日，美国KMS公司使用能量为200 J、脉冲宽度为100 ps的2束近乎正交的激光照射含氘、氚混合气体的玻璃球壳靶，获得了3×10^5的中子产额和50～100倍的体压缩。不久，相关实验在LLNL的Janus激光装置上重复进行，测得燃料的离子温度为3.2～3.7 keV。

1976年，美国LLNL建成了输出能量为Janus10倍的Argus激光装置。Argus激光装置也是2路激光，单束输出1000 J，激光波长1.064 μm，总能量2000 J。LLNL在Argus激光器上做的打靶实验得到了$1 \times 10^9 \sim 1 \times 10^{10}$个中子，其离子温度高达10 keV。Argus是一台最早具有现代激光器架构的激光器。同期，LLNL还建造了Cyclos激光装置，Cyclos是LLNL激光系统设计和首次基于黑腔间接驱动内爆的实验平台。1978年，LLNL在Argus激光装置上得到了相当于10倍液密的压缩。1979年，LLNL利用Argus研究了激光等离子体相互作用与波长的关系。

1977年11月，LLNL建成第一台大型激光装置——Shiva，造价约为2500万美元。该装置有20路光束，每束输出能力大于500 J，具有在波长1.06 μm、1 ns内输出15 kJ总能量的能力。1978年，LLNL在Shiva装置上得到了3×10^{10}个中子；1979年在该装置上又得到了100倍液密的高度压缩，即DT燃料密度达到20 g/cm³。LLNL的激光聚变科学家曾相信利用Shiva有可能达到能量盈亏平衡，有把握地认为将在20世纪末甚至更早创建一座聚变核反应堆。结果，预期落空，承诺无法兑现。

2. Nova 与 Omega 时代

继Shiva以后，LLNL的激光聚变科学家又在Shiva实验数据基础上，经过模拟计算后，预计用10倍于Shiva的激光能量定能达到能量盈亏平衡，于是开始计划建造Nova。

1983年1月，LLNL建成了Novette装置（Nova原型机的一路），具备2倍频及3倍频的输出能力。为什么需要2倍频、3倍频这样的波长更短的激光呢？LLNL在20世纪70年代末利用Shiva进行的高密度实验中，遇到了一个灾难性的等离子体物理障碍。等离子体物理学家认为：由于强激光聚焦于低密度等离子体所引起的等离子体不稳定性，可能会导致激光的异常反射和热电子的产生，热电子会使靶预热，并且不会有效地与靶内爆耦合；而在足够短的波长范围内，直接驱动和间接驱动内爆都能有效地吸收激光，并限制等离子体不稳定性。所以，Nova计划被调整为能够提供短波长能力，这也使得其建造成本大幅度增加。

1984年建成的Nova（图4-8），造价约为2.5亿美元，是一台

10束光路的钕玻璃激光器，运行在波长1.064 μm时能量为100 kJ，在波长0.351 μm时能量为40~45 kJ，脉冲宽度为2~4 ns，功率大约为16×10^{12} W。在设计上，Nova综合了以前历代激光装置（Janus、Cyclos、Argus、Shiva）的理论和工程技术经验。此后，Nova装置成为美国"国家惯性约束聚变"的主要实验场所。

1988年，LLNL宣布利用Nova装置创造了接近高增益激光聚变要求的条件，并在缩小尺度下进行了一系列辐射驱动的内爆动力学实验，得到了100倍DT密度和2×10^7℃的燃料中心温度。在Nova打靶实验中，产生的最高聚变中子产额达1×10^{13}个。Nova将间接驱动作为其研究重点。在十多年的运行期间，Nova激光器证明了其在研究武器物理方面的价值，有助于改进计算机程序。但遗憾的是，Nova虽然获得了历史最高的聚变中子产额，但激光所消耗的能量却是其产生能量的约1×10^4倍。Nova依然没有实现激光聚变点火的预言，也不能很好地满足武器物理研究的需求。

在这期间，美国罗彻斯特大学激光能量实验室（LLE）于1980年建成了Omega激光装置，建造目的

图4-8　Nova 激光器

是探索激光聚变直接驱动方式中的重要物理问题，包括：均匀辐照问题，流体动力学不稳定性问题，激光与等离子体相互作用问题等。1984年，罗彻斯特大学季报中分析了不同数量光束叠加对辐照均匀性的影响。该季报指出，在理想情况下，32束激光叠加就可以达到低于1%不均匀性的要求，但由于等离子体条件的变化、激光落点公差、形貌及束间功率平衡有严格的要求，为了保证对激光和靶设计公差有较大的冗余，Omega升级装置选择了60束。1996年，罗彻斯特大学建成了Omega升级装置（图4-9），该装置能够输出能量为30kJ、脉冲宽度大约为1ns的紫外激光。Omega装置进行了一系列与激光聚变和基础科学相关的研究，也有力地支持了Nova及后来的NIF的建造。2005年，

图4-9　Omega 升级装置

Omega装置在原有束组的基础上，又增加了4束类NIF结构的激光输出，其中2束是可以分别输出1～10 ps的千焦耳级拍瓦激光束，用来研究快点火以及作为物理实验的探针光束。

3.　NIF 时代

Nova未能实现点火及盈亏平衡的预期之后，激光聚变将何去何从就成了争议的焦点。1990年，美国国家科学院（NAS）对能源部的惯性约束聚变研究计划进行了评估。NAS认为，能量为几个兆焦耳的驱动器有可能实现点火，在未来十年，钕玻璃激光器可能在合理的成本范围内实现点火演示，而不需要等待其他的驱动器方案，因此支持LLNL的Nova升级计划。Nova升级计划为NIF的前期概念设计，设计中摒弃了单程MOPA构型，改为多程放大构型，整个装置设计指标为：288束，18组，每组16束子束光组成，0.35 μm激光输出1~2 MJ，其主要设计目的是实现在适当条件下的点火和维持燃烧产生中等增益（2～10）。不久，Nova升级又被更改为NIF，其设计指标是：总计包含48束组，共192路激光，在33 ns的时间内向靶传输波长为0.35 μm（3倍频）的1.8 MJ的能量，功率为500 TW。

美国之所以决定建造NIF最主要是因为"以科学为基础的核武器库存管理计划"的需要；同时，LLNL科学家通过理论计算模拟认为，百万焦耳的、波长为0.35 μm的激光能量能够实现聚变点火及燃烧。

NIF于1997年5月27日在LLNL破土动工，历时12年，于2009年3月完成建设并投入使用。NIF装置是一个庞然大物，占地面积有三个足球场那么大，高度约10层楼，建筑共使用了55000 m³混凝土、7600 t钢筋以及5000 t结构钢材。

NIF装置之所以如此庞大，是因为其输出的总能量太大了。这192路激光初始的种子光能量比较小，在传输的过程中会进一步通过复杂的光学元器件进行能量放大、传输、聚焦等。而当光的能量非常大的时候，在通过光学介质的过程中会产生热效应，使光学元件产生损伤。我们根据NIF的总能量可以很简单地估算出其需要的光学元器件的横截面面积达近百平方米。这么大的光学元器件是不可能实现的，只能是通过很多大口径光学器件一起合力才能实现。并且，在NIF运行的过程中，这些大口径的光学器件的损伤管理也是一件非常重要的任务，NIF装置有专门的团队和科学化的管理流程来监测和管控这些元器件，以保证整个装置的顺利运行。

192路激光输出的紫外激光在1×10^{-9} s内同时发射，最后会同时到达一个非常大的中空的靶室中心。靶室的直径达到10 m，质量约450 t，上面布满了大大小小的孔洞用来安装各种专业的测量设备。这个巨大的靶室在工作的时候其内部是真空的，这是为了避免大气对光束传播的影响，因此靶室的金属墙壁很厚，可抵抗巨大的大气压力并防止局部漏气。

NIF装置耗资巨大，官方公布建造经费为35亿美元，但《旧金山新闻报》2012年12月披露，NIF建造和运行经费大约为50亿美元。NIF装置相关实景如图4-10所示。

NIF建成和使用后，NIF激光器、诊断系统、光学元件和靶室运行是非常杰出的。NIF项目主管爱德华·摩西（Edward Moses）说：

（a）NIF 外观实景

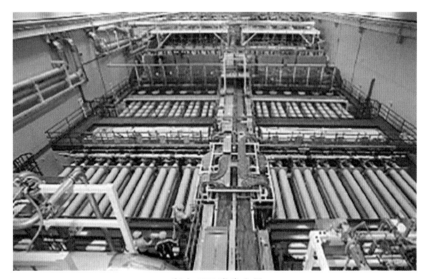

（b）NIF 激光大厅

（c）靶室吊装场景

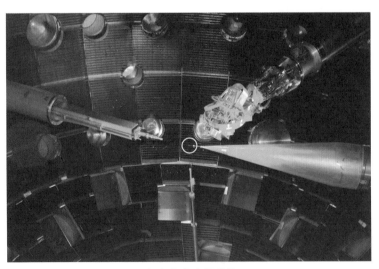

（d）靶室内部实景

图 4-10　NIF 装置

"NIF正沿着科学家二十年前的构想前进，科学家朝着实现点火的目标迈出了重要步伐，为国家安全、基础科学和清洁聚变能源研究提供了实验平台。"

2012年3月15日，NIF向靶室中心传输了总能量达1.875 MJ的3倍频激光，峰值功率达到了411 TW。2012年7月5日，NIF实现了输出功率创历史纪录的激光打靶：192路光束的输出能量达1.85 MJ、功率超过500 TW。NIF在点火研究方面取得了重大进展，在实验室第一次达到了"接近点火"的物理区域。

NIF点火虽尚未成功，但持续研究的脚步从未停歇。2020年5月，LLNL发布评估报告指出：如果不能填补现有物理认识的空白，并在靶质量、激光精度和内爆控制方面做出足够的改进，那么利用当前NIF的功率和能量将不能实现点火。这就要求升级NIF，包括将NIF能量适度增加（可能小于2倍）。如果还不行，就需要建造一个新的、更大的装置来实现点火。在这一评估报告发布的15个月后，NIF取得重大实验进展，以不懈努力的事实证明了在靶质量、激光精度和内爆控制方面所做改进的贡献。

4.4.2　法国激光聚变驱动器发展

在欧洲，虽然法国、英国、捷克等国家都在开展激光聚变研究，但法国的LMJ（The Laser Mégajoule）装置是目前欧洲规模最大的激光装置，也是法国原子能委员会（CEA）武库管理计划（即"模拟计划"）禁核试三大对策工程之一。

LMJ拟利用240束、总能量1.8 MJ、波长0.35 μm的激光实现中等增益的聚变点火，不仅用于武器物理的研究，同时还用于惯性聚变能、天体物理学和基础物理等研究，并为人才培养做出贡献。在LMJ正式建造之前，CEA先建造了原型机LIL，随后在LIL正常运行后开始建造LMJ。

1. LMJ 原型机 LIL

1998年，法国CEA开始建造LMJ的原型——激光集成线（LIL）激光装置，以此启动LMJ建设项目。其首要目的是支撑法国LMJ装置的概念设计和总体构型验证，关键元器件（钕玻璃片、大口径开关、光栅等）性能考核，系统考核（同步、准直、波前校正等），以及倍频负载能力研究等。LIL激光器装置（图4-11）于2002年完工，随后开始试运行，物理学家们在其上开展了实验室天体物理学、激光-等离子体相互作用，以及为点火的平滑技术等方面的研究工作。它是目前欧洲最大能量的激光器。

（a）LIL 实验室外观实景

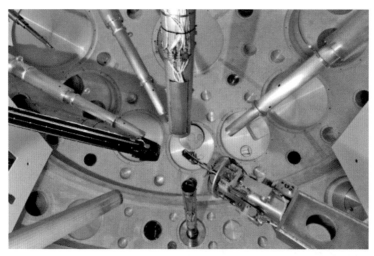

（b）LIL 靶室内部实景

图 4-11 LIL 激光装置

　　LIL激光器装置原计划是由一个8路光束的激光器和一个直径为5 m的靶室组成，但目前实际只有4束激光。激光器单路光技术与LMJ拟采用的技术完全一致。该装置在脉冲长度为9 ns时，3倍频单束光的能量输出为9.5 kJ，功率约2 TW，到靶的总能量为30 kJ。据此推算，LMJ激光器传输的总能量可达到2.2 MJ，总功率接近500 TW。LIL的束线准直精度可控制在25 μm以内，此外，一个束组光束的同步性达到了30 ps，3倍频光在靶室中心的聚焦光斑的直径小于600 μm。所有这些实验结果都验证了LMJ采用的光学方案的可行性。

　　LIL是非常灵活的激光装置，能够适应等离子体物理实验的需求，并且LIL也在不断地发展以满足靶物理学家的需要，改变或计划改变都是为了提高光束质量，或者是提升LIL的能量/功率运行范围。

2. LMJ 装置的建造概况

2003年3月，LMJ在法国波尔多市的阿基坦科技研究中心破土动工，占地面积$4.5 \times 10^4 \, m^2$（$300 \, m \times 150 \, m$），整个大楼面积有$14 \times 10^4 \, m^2$。土建工程主要包括工号大楼、激光器大厅和靶区大厅的建造。工号大楼长约300 m，用于安装与靶区大楼相关的系统，包括：等离子体诊断和低温靶系统、温度控制以及维护通道、所有光学元件的洁净控制系统及其机械支持结构。2006年底，LMJ的靶室放入靶区，安装固定已经完成。2008年底，LMJ的土建工程完成，开始激光装置的组装工作。

预计建造LMJ的公共投资将达到30亿欧元，历时15年。LMJ由CEA的军事应用部负责设计，它是欧洲少有的具有设计高能激光器丰富经验和基本资源的部门之一。图4-12是LMJ实景图。

法国原计划LMJ于2011年试运行，2012年后期进行首次聚变实验，但实际上该计划大幅度推迟了。2014年底第一套束组投入运行；自2018年以来，另外三套束组已经投入运行；2019年底完成了5个束组40束建设。LMJ装置采取边建设边实验的建设思路，并希望通过新靶的设计和优化工作，以1.4 MJ的激光能量实现点火。

（a）LMJ 外观实景

（b）已建成的激光器大厅

（c）LMJ 靶室内部实景

图 4-12　LMJ 装置

4.4.3　日本的 Gekko 系列激光装置

日本大阪大学激光工程研究所（ILE）关于激光聚变高功率激光系统的研究始于1967年。早期ILE的Gekko Ⅰ 和Gekko Ⅱ 激光系统主要用于探索性工作，一方面用于开展激光和等离子体非线性相互作用及初步的压缩实验，另一方面致力于高功率激光技术与工程的研究。1978年用掺钕磷酸盐玻璃代替掺钕硅酸盐玻璃做激光放大器的工作介质，建成了Gekko Ⅳ装置，进一步提高了激光装置的总体输出功率。1977—1980年，为建造Gekko Ⅻ研制了Gekko Modele Ⅱ 。1983年完成了目前的Gekko Ⅻ激光系统（12路，约20kJ，波长0.35μm）

的建造。1990年起，Gekko XII开始进行精密化升级，计划在Gekko XII的基础上增加束数和提高能量，光束路数达到60路，输出能量为100 kJ，到21世纪初实现兆焦量级的能量输出。但至今为止，尚未见到Gekko XII升级至60路的报道，这可能是由于Gekko系列激光装置最初致力于快点火研究，但快点火技术路线并不成熟。图4-13是Gekko XII实景图。

图 4-13   Gekko XII实景

目前，Gekko XII仍为12路的打靶能力（实验一般运行在设计指标的半能量点左右），脉宽0.5~10 ns可调。近几年，Gekko XII主要用于直接驱动、靶材料、激光致等离子体、X射线、高速辐射冲击、快点火物理等试验研究。

4.4.4　俄罗斯的激光装置

俄罗斯早期的激光聚变研究装置由苏联科学院列别捷夫物理所研制，主要是"乌蛰"与"海豚"装置。乌蛰装置于1971年建成，钕玻璃介质，9束共100 J，基于该装置开展了世界上首次激光热核反应实验，DD中子产额约为1×10^{7}。海豚装置于1977年建成，也是钕玻璃介质，输出能量3 kJ。早期有文献报道海豚装置拟升级为108束，口径45 mm，但后续未见相关报道，可能由于苏联国内的钕玻璃工业基础不强或研究经费不足所致。

苏联的碘激光器研究较多，在20世纪60年代末已达到百微秒脉冲兆焦级能量输出。由于碘激光器容易实现高功率且造价低，全俄实验物理研究院（All-Russian Research Institute of Experimental Physics，以下简称"实物院"）研制了Iskra（简称"火花"）系列激光装置。俄罗斯后来的激光聚变装置主要就是"火花"系列。

1976年，建成Iskra-3激光装置，为单束碘激光器，输出能量500 J，功率太瓦级。

1979年，建成Iskra-4激光装置，单束2 kJ，功率10 TW，是当时世界上单束功率最大的碘激光器，波长1.325 μm，脉宽0.1～0.3 ns，后期改为2倍频（即工作波长为0.66 μm）。激光打靶实验使靶丸体压缩度约100倍，直接驱动最高DD中子产额约6×10^{7}。该装置于20世纪90年代末被拆解。

1989年，建成Iskra-5激光装置，12束输出，波长1.325 μm，输出能量30~40 kJ，脉宽0.3 ns，功率120 TW，输出能力仅次于同期的Nova

装置。2003年转为2倍频打靶，最高DD中子产额约为1×10^{10}。

1996年，实物院计划建Iskra-6装置，钕玻璃，128束，波长0.35 μm，300~600 kJ。随后考虑到激光技术进展、对激光与物质相互作用的新认识，对Iskra-6特性进行了优化，增加到192束、波长0.53 μm、脉冲宽度3~10 ns、约2.8 MJ激光能量。后来该装置被命名为"UFL-2M"。

2003年，建成Luch装置，它由Iskra-4拆解系统所建。此装置为Iskra-6的原型装置，也即前面介绍的UFL-2M的原型装置。该装置有4束输出，基频总能量16 kJ，为钕玻璃激光器。图4-14是Luch靶室实景图。

2012年，UFL-2M装置正式立项，项目总经费约11.5亿欧元，2015年土建动工，2019年靶室安装，预计2022年建成。

图 4-14　Luch 靶室

4.4.5　中国的高功率激光装置

中国高功率大能量的"神光"系列激光装置，是指位于上海光学精密机械研究所和位于中国工程物理研究院（简称"中物院"）激光聚变研究中心的一系列高功率激光装置。

1. 神光-Ⅰ装置

1986年，中科院上海光机所建成的神光-Ⅰ（激光12号）激光装置，输出两束高功率激光，每束激光输出口径为200 mm，工作波长为1.053 μm（1ω），脉宽为100 ps及1 ns可变，最大输出能量为1.6 kJ/1 ns，最高输出功率为2×10^{12} W，聚焦后靶面功率密度最高可达1×10^{16} W/cm^2。

神光-Ⅰ激光装置不仅是一项研究性成果，同时也是一台实用性装备。装置建成并投入运行后进行了多轮重要的物理实验，在激光聚变、国家"863"计划相关项目实验研究中取得了一批重大成果。该装置于1999年退役。图4-15为神光-Ⅰ实验大厅。

2. 神光-Ⅱ装置

神光-Ⅱ装置是由中国科学院、中国工程物理研究院、国家"863"计划支持的大科学工程项目。神光-Ⅱ装置于2001年12月底正式投入使用。该装置是一个集中了当时国内最先进的激光、光学、精密机械以及计算机控制等系统为一体的综合性、系统性高科技工程项目。神光-Ⅱ装置由激光器系统、靶场系统、能源系统、光路自动

图 4-15　神光 - Ⅰ 实验大厅

准直系统、激光参数测量系统以及环境、质量保障等系统组成，是数百台套的各类激光单元或组件的集成，并在空间排布成8路激光放大链，每路激光放大链终端输出激光净口径为φ230mm，具有2种脉宽（1 ns、100 ps），3种波长（1.053 μm、0.527 μm、0.351 μm）的输出能力，该装置终端输出能量达到6 kJ/1 ns/1.053 μm。

　　2002年底启动的为神光-Ⅱ装置配套的多功能高能激光系统（简称"第九路"），于2005年基本建成并投入试运行。这一束激光的基频输出能力达到4.5 kJ/3 ns，3倍频转换效率大于50%，不仅为相关物理实验提供了重要的主动诊断手段和更大能量的驱动激光，而且为研制皮秒拍瓦激光系统创造了条件。图4-16为神光-Ⅱ装置实景。

2007年正式启动的神光-Ⅱ装置升级项目，2015年完成建设并实现8路3倍频激光输出能力达到24 kJ/3 ns，第九路系统（图4-17）增加了1 kJ/（1~10 ps）基频短脉冲激光的输出功能，不仅能支持开展更高水平的激光聚变研究，而且可以支持开展"快点火"前期物理研究工作。

（a）神光-Ⅱ放大器　　　　　　（b）神光-Ⅱ真空靶室

图4-16　神光-Ⅱ装置

图4-17　神光-Ⅱ第九路光路

3. 原型装置

原型装置是由中国工程物理研究院激光聚变研究中心研制的高功率激光装置。该装置是一台可输出8束激光、3倍频（351 nm）激光脉冲能量高达1×10^4 J、可"8束对打"与"8束并打"的高功率激光驱动器。

该装置采用了以"方形光束、组合口径、多程放大"为主要标志的国际主流的高功率激光驱动器技术，达到了以下指标：

（1）激光束数：8束。

（2）光束口径：290 mm × 290 mm（零强度束宽）。

（3）激光波长：0.351 μm。

（4）输出能量：1.2 kJ/1 ns/0.35 μm/束；~1.8 kJ/3 ns/0.35 μm/束。

（5）脉冲波形：1.0 ~ 3.0 ns（矩形脉冲，并具有一定整形能力）。

（6）光束发散角：70 μrad（包含95%脉冲能量）。

（7）打靶方式：8束对打、8束并打。

（8）打靶精度：30 μm（均方根值）。

（9）能量分散度：10%（均方根值）。

（10）束间同步精度：30 ps（均方根值）。

原型装置在1 ns运行条件下输出激光束总能量将达到1×10^4 J的3倍频激光，在规模上稍大于日本大阪大学的Gekko XII装置，为美国LLNL的Nova装置的四分之一；在技术上属于第二代高功率固体激光装置，技术水平与美国NIF装置、法国LMJ装置相当。

2007年，原型装置各项输出指标达到要求，通过了国家验收。该装置自验收以来，科学家们开展了一系列相关物理实验研究，推进了激光聚变研究进展。与此同时，历年来在现有基础上对该装置不断进行技术改造，输出质量和可靠性都得到了稳步提升，实现了装置的精密化和用户化运行。图4-18为原型装置实景。

原型装置采用了国际上主流的多程放大技术路线，并发展了非对称变口径光传输、液晶光阀光束空间整形、光束旋转隔离与像差补偿技术等独具特色的关键技术。该装置的成功研制，表明我国已掌握了以"方形光束＋组合口径＋多程放大技术"为主要标志的第二代高功率激光驱动器总体设计和关键单元技术，使中国成为国际上少数几个具有这种综合技术能力的国家，为我国后续巨型激光装置的研制奠定了坚实的技术基础。

（a）原型装置激光大厅

（b）原型装置靶室

图 4-18　原型装置

4. 更高功率"神光"系列激光装置

2015年，在原型装置建设基础上，中国工程物理研究院激光聚变研究中心建成了更高功率的激光装置，标志着我国已全面掌握第二代巨型激光装置总体设计、总体集成、总体控制等核心技术，形成完备的高功率激光装置工程研制体系。该装置代表了中国目前高峰值功率激光技术与工程发展的最高水平，具有里程碑的意义。装置3倍频激光输出能力大于180 kJ，整个装置的总体规模与主要性能仅次于美国LLNL的NIF装置。装置实验打靶能力大幅度提升，是目前国际上第二台可实现双孔两环注入和六孔单环注入、满足多类物理实验打靶要求的巨型激光装置，已成为我国激光聚变/高能量密度物理实验的主力装置，并正计划开展更高功率激光装置建设。

数十年来，中国的激光聚变研究取得了令人鼓舞的长足进步，已形成美、中、欧三足鼎立之势，成为展示我国综合国力和核心竞争力的重要标志之一。在激光聚变和高能量密度物理研究牵引带动下，中国充分吸取以往装置研制的成功经验和教训，以现役装置为载体，通过不断地继承与创新，不断实现激光驱动器综合能力的提升，并加快高功率激光驱动器的建设步伐，向世界更高水平迈进。中物院激光聚变研究中心研制的两台二代激光装置分别作为中国兆焦耳级聚变科学激光装置的科学样机和工程样机，全面奠定了中国独立自主研发超级科学装置的科学技术基础与工程基础，为后续超级科学装置的研发提供了重要支撑。

4.5 激光驱动器未来发展方向

前面介绍了激光聚变研究中，曾经应用、正在应用以及将来可能应用的一些高功率激光器。可以看到，激光聚变驱动器已有近60年的研究与建造历史，但依然未实现聚变点火的目标，对激光驱动器的能量需求似乎永远不能满足。虽然实现聚变点火目标不仅仅是驱动器的问题，但为达到聚变能实际应用所需要的靶增益，依然期待着高功率激光器的研制有重大突破。

目前看来，钕玻璃激光器仍是研究激光惯性约束聚变的主要工具，但在聚变研究中所使用的激光器还没有一种能完全满足激光聚变对驱动器的能量、功率、效率、脉冲频率和束靶相互作用等方面的参数的综合要求。为此，人们依然在积极努力地研制新机制、新体制的激光器，如二极管泵浦的重频陶瓷激光器、光纤激光器以及等离子体放大机制等。但目前新机制、新体制的先进激光器的研究，依然没有跳出传统激光器的局限。

对比计算机发展的历史，从最初厂房级的庞然大物，发展到如今的掌上微电脑、可穿戴设备甚至于可植入大脑的微处理器，这都得益于飞速发展的科技创新。未来激光驱动器迫切需要发展颠覆性技术，开发新型材料和器件，解决激光放大过程能量转换的效率问题，突破制约装置负载能力的元器件损伤的瓶颈问题，发展激光光场主动调控技术，推动激光驱动器向小型化、集约化、模块化组装、重频运行等方向发展，为驱动聚变提供强大的能量之源！

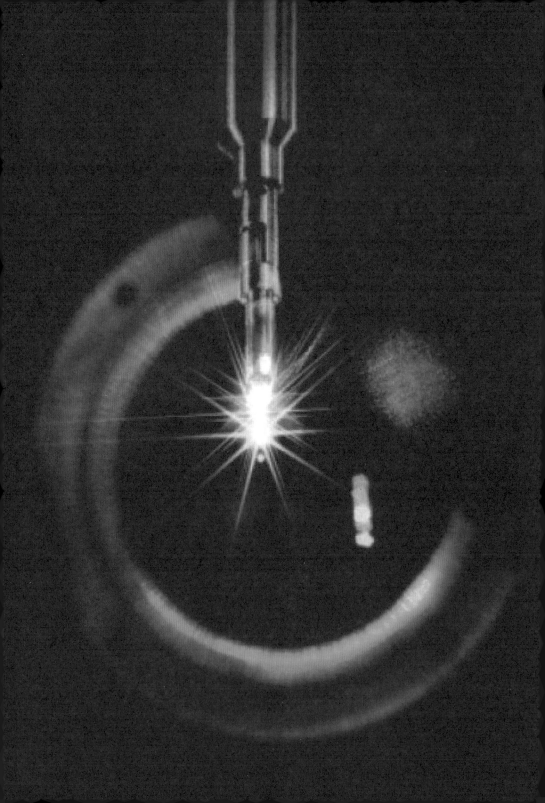

第 5 章

靶

——承载激光能量实现聚变的物质载体

- 靶的类型和作用
- 点火靶及其制造
- 点火靶的发展历程
- 未来的发展方向

在第1章结束时我们提到，激光聚变是开展聚变能源、前沿基础科学和应用研究的一个重要手段。开展此项研究需要一个不可或缺的物质基础，那就是与激光发生相互作用的物质载体——靶。也就是说，激光聚变及其相关的物理实验需要两个载体来实现，一个是高能量的激光，一个是承载激光能量、体现物理思想的靶。可以说，靶是物理学家、材料学家和工程师共同智慧的结晶。

在激光聚变点火物理实验中，由巨大的激光装置发射出携带着巨大能量的上百路激光束，将全部作用在一个厘米大小的黑腔内壁上，转化成X射线，然后均匀、对称地辐照在处于黑腔中心的毫米级靶丸上，驱动靶丸向内压缩，使靶丸内的DT燃料发生核聚变，释放出巨大的聚变能量。可以想象，这是一个多么神奇的过程！

高品质的靶产品是精密化物理实验的可靠保证。靶零件（例如：黑腔、靶丸、燃料、薄膜、泡沫等）的制备技术、靶参数测量技术与靶装配技术是激光聚变研究与技术开发的重要内容。

5.1　靶的类型和作用

根据美国LLNL的纳科尔斯所著《对ICF创立和发展的贡献》一文透露的信息，激光聚变靶的设计与制造最早始于1960年。那一年，LLNL先后设计并制备出了黑腔靶和充DT气体的玻璃靶丸。目前，世界上从事激光聚变靶制备技术研究的国家主要有中国、美国、法国、日本、俄罗斯等。其中，美国组织了相关研究所（如LLNL）、大学（如罗彻斯特大学）和公司（主要是美国通用原子公司）的科学技术力量，加大研发力度，制造出多种类型的激光聚变靶及物理实验靶，并开发出相应的靶参数测量与靶装配技术，处于世界领先水平。

针对不同的研究目的，靶的主要类型可分为：点火靶、点火分解物理实验靶、聚变能源靶和高能量密度物理靶。

点火靶：为实现激光聚变点火，需要研制出结构十分复杂、技术难度极高，也是非常昂贵的点火靶。目前主流的点火靶是间接驱动中心点火靶。除此之外，还有直接驱动中心点火靶、快点火靶、双壳层体点火靶、冲击点火靶等。

点火分解物理实验靶：为了获取激光聚变点火靶的物理设计所需的点火靶参数和详细研究激光聚变的各个关键物理过程，需要专门研发点火分解物理实验用靶，包括烧蚀材料和聚变燃料状态方程靶、黑腔物理靶、辐射输运靶、辐射不透明度靶、流体力学不稳定性靶、内爆物理靶、冲击波调速靶、物理诊断靶等。

聚变能源靶：为通过激光聚变点火和燃烧实现商业聚变能源输出而设计与制造的靶。它必须是一种高增益、低成本、能批量快速生产的靶。中国和美国的一些研究机构自20世纪90年代末就开始探索研究激光驱动聚变能源靶制备及其批量生产技术。国内外也有一些研究机构正在研发基于Z箍缩驱动或重离子束驱动等其他驱动方式的聚变能源靶。

高能量密度物理靶：基于激光聚变研究形成的实验条件（高压、高温、高密度、高能量等）和制靶技术而研发的高能量密度物理靶，可以用于开展极端条件下的材料结构与物性、等离子体物理和天体物理研究。

激光聚变物理研究发现：提高靶丸内燃料的初始密度，并形成球壳结构，不仅可以显著增加核聚变的中子产额，而且还可大幅度降低燃料的内爆压缩和聚变对激光器能量的要求。为提高燃料的初始密度，一种有效的方法是将靶丸内的燃料气体进行冷冻，在靶丸内壁形成壁厚均匀（均匀性大于99%）、内表面光滑（粗糙度小于1μm）的固态燃料冰层，即形成低温靶。鉴于低温靶的显著优势，国际上很早就开始进行低温靶制备技术的研究，并取得了实质性的进展。1974年，美国利用低温靶获得了比气体靶高2个数量级的中子产额，第一次从实验上证实了低温靶的优越性。1997年，美国在Nova激光装置上进行了平面液氘低温靶物理实验，测量了冲击波速度，获得了氘和烧蚀材料的状态方程数据。2001年，美国罗彻斯特大学的LLE在Omega激光装置上首次完成了直接驱动低温靶物理实验，获得了令人鼓舞的实验结果。为在美国NIF装置和法国LMJ装置上实现激光聚变点火，美国和法国相继开发了与间接驱动中心点火靶制备相关的黑腔和靶丸制备技术、燃料原位注入技术、靶冷冻技术、激光与靶的打靶耦合技术，以及靶参数测量与靶装配技术。

总的来说，一套完整的激光聚变靶包含约20类跨尺度、微结构和形貌精密调控的零部件，例如：厘米级的黑腔、毫米级的靶丸、微米级的充气管、几十微米厚的燃料冰层、纳米级的薄膜、每立方厘米亚毫克级的低密度泡沫……零部件尺寸精度需要控制在几个纳米到几个微米，涉及从低原子序数的氢到高原子序数的金（Au）、铀（U）、钨（W）等30多种元素，有些元素原子的占比要求控制在原子百分比零点一（0.1at%）以下。靶零件的形状变化大，例如：柱形/球形/鼓形/橄榄形的黑腔、球壳形靶丸、斗篷形的靶丸夹持膜、平面黑腔封口膜、长锥形充气管、爪形导冷臂、泡沫等。除此之外，靶零件经历的温度范围广：10~300 K，控制精度优于±1 mK@18 K。由此对测控温元器件的设计、制备与标定，激光聚变靶的设计、制造与装配，多种材料从常温到低温的匹配性等均提出了很大挑战。激光聚变靶需要测量的参数多，例如：尺寸、表面粗糙度、空间角度、成分、密度、结构、缺陷、力、热、电、光、磁等。

据统计，一发完整的激光聚变靶需要近百个工艺环节才能完成零部件的制备、检测和装配，涉及物理、化学、材料科学与工程、信息、核物理与

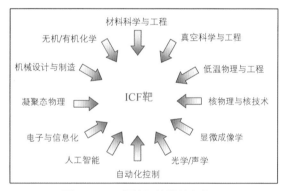

图 5-1　ICF 靶涉及的学科方向

核技术等多个学科（图5-1）。毫不夸张地说，激光聚变靶，尤其是点火靶，汇集了当今高、精、尖的科学技术于一体。

虽然点火靶、点火分解物理实验靶、聚变能源靶和高能量密度物理靶在靶结构和材料上有较大的差异，但在关键靶零件的制备技术、检测技术、装配技术、靶冷冻技术与打靶工程等方面都大同小异，相关技术与工艺具有一定的相通性。因此，下面我们主要介绍点火靶及其制造技术，其他类型的靶在相应章节还会有一些叙述。

5.2 点火靶及其制造

自NIF立项开始，美国就开始了点火靶的设计、制备和表征技术研究。由于点火靶非常复杂、精细，需要在材料设计与制备、零部件加工与装配、参数检测、低温技术与工程等领域取得巨大进展的基础上才能实现。经过十多年的努力，国内外在黑腔和靶丸制备、靶参数检测、靶装配、燃料注入、靶冷冻、打靶耦合等方面已经取得了卓有成效的进展。到2009年底，美国成功研制出了基本达到靶物理设计要求的间接驱动中心点火靶，其靶物理设计示意图和点火靶照片如图5-2所示。最复杂的间接驱动中心点火靶及其制备和打靶包括：黑腔、靶丸、薄膜、充气管、冷冻罩、靶参数测量、靶装配、燃料注入、靶冷冻与打靶耦合。

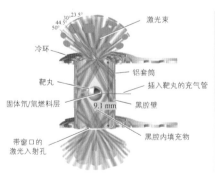

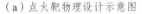

（a）点火靶物理设计示意图　　　（b）点火靶实物

图 5-2　美国研制的间接驱动中心点火靶

5.2.1 点火靶制备流程

点火靶总体制备流程如下：首先制备出黑腔、靶丸、薄膜、充气管、冷冻罩等靶零件，分别在常温和低温下检测出相应的靶参数后，将各合格靶零件装配成整体靶；在常温和低温下检测出相应的装配参数后，整体靶将送入低温环境，在低温下向靶丸内注入燃料气体，并将其冷冻，在靶丸内形成燃料冰层，制备出低温靶；低温靶在低温下检测合格后，最终送入靶室打靶。

点火靶的核心功能部件主要是黑腔、靶丸和聚变燃料。其中，黑腔的功能是将激光转换为X射线；而后，X射线辐照在黑腔中心的靶丸上，烧蚀靶丸材料，迫使靶丸内盛装的聚变燃料向靶丸中心做聚心运动；一旦聚变燃料的面密度达到点火条件，即可实现点火。我们可以形象地通过类比传统日常生活中柴禾灶的"烧水"来理解点火靶结构及其物理过程（图5-3）。

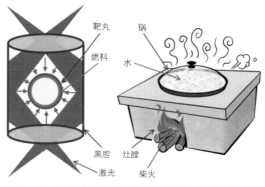

图 5-3　典型点火靶结构与传统柴禾灶结构类比

5.2.2 黑　腔

黑腔如同精心设计的微小灶膛，容纳柴禾，生成火焰，释放出能量。进入黑腔的"柴禾"是紫外到近红外的激光，激光作用在黑腔内壁上，光与黑腔内壁中原子/电子的相互作用，产生"火焰"——X光，实现激光-X射线转换。激光聚变物理对"灶膛"有严格的要求：高的激光-X射线转换效率、低的能量损失（即：黑腔内的激光或X射线不要漏失掉，最好全部保持在黑腔这个"灶膛"内）、窄的X射线能带、高的X射线辐照对称性和均匀性，使照射在靶丸上的X射线全空间高度对称和均匀。

黑腔是激光-X射线转换功能组件，如何通过黑腔的构型、微结构、成分等设计，提高激光吸收效率和激光-X射线转换效率、增强X射线辐照对称性、降低黑腔内激光和X射线的漏失是制靶的重要攻关方向。原则上，黑腔材料以高原子序数（Z）元素为主——原子序数越高，激光-X射线转换效率越高；黑腔内壁增设高Z低密度泡沫内衬可有效改善X射线辐照对称性；黑腔内壁多层结构和密度由低到高渐变设计则可增强激光的能量沉积效率，提高激光-X射线转化效率。随着科学认识的深入，人们后来发现：高Z金属表面纳米化（例如：纳米丝阵列、纳米粒子）可以进一步提高激光-X射线转换效率。纳米结构中原子的壳层电子在激光辐照下形成高温等离子体而处于高激发态。只要激光的脉冲周期小于纳米结构的膨胀解体时间，沉积在纳米结构的激光能量就被约束在一个很小的体积内（与体材料相比）而使该体积内等离子体的温度更高，产生更多的高激发态，有助于发射更多的X射线。另外，纳米结构表面等离激元引发的表面局域电场增强效应也有助于提高激光-X射线转换效率。中国工程物理研究院激光聚变研究中心最近发展了一套原位去合金化技术，在黑腔内壁构造低密度纳米结构，并可以根据需要通过特定的热处理来改善纳米结构层的微结构。感兴趣的读者可以参阅相关综述文章。图5-4为该研究中心研制的具有低密度纳米结构的黑腔和美国NIF点火靶黑腔实物。

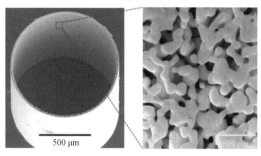

（a）激光聚变研究中心制备的黑腔扫描电镜图像　（b）美国 NIF 典型的黑腔实物

图 5-4　黑腔扫描电镜图像及实物

由于黑腔是典型薄壁弱刚性腔体（厚度为10~50 μm，尺寸约为ϕ 10 mm × 5 mm），其主要采用物理/化学镀膜技术制备，制备流程如图5-5所示。研制中，要重点解决氧化、应力、腐蚀、强度、厚度均匀性与微结构调控等难题。

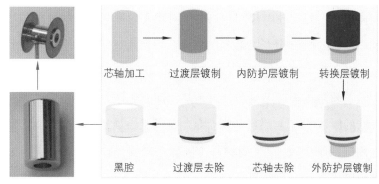

芯轴加工　过渡层镀制　内防护层镀制　转换层镀制

黑腔　过渡层去除　芯轴去除　外防护层镀制

图 5-5　典型黑腔制备工艺流程

5.2.3 靶 丸

靶丸是装载聚变燃料的空心微球，如同架在灶膛上的锅，充分吸收灶膛内的热量——激光或X射线。只是这个锅是球形的、封闭的，而且位于"灶膛"（黑腔）的中心位置。与"锅"不一样的是：靶丸吸收激光或X射线后，将由外向内逐渐被激光或X射线烧蚀剥离掉，向外喷射。由牛顿第三定律的作用力与反作用力可理解：靶丸外表面物质向外喷射的同时，将产生一个向内的冲击力，迫使靶丸剩余部分以大于300 km/s的速度向靶丸中心做聚心运动——内爆压缩。可以想象：靶丸材料一定要容易被激光或X射线剥离——辐射烧蚀，而且能够快速（>300 km/s）向靶丸中心做聚心运动。为保证压缩的对称性，靶丸的球形度必须足够好（大于99.9%）；为降低压缩过程中流体力学不稳定性增长，靶丸内外表面必须足够光滑（粗糙度<30 nm）。因此，靶丸作为辐射烧蚀功能组件，主要功能是吸收入射的辐照能量，并经该辐射烧蚀形成内爆压力，压缩靶丸内燃料；同时抑制压缩过程中流体力学不稳定性增长和超热电子对靶丸内聚变燃料的辐射预热，以及靶丸壁的原子/分子与燃料的混合。如何通过靶丸的直径、壁厚、成分、微结构、掺杂等设计和精密控制，提高辐射吸收效率和烧蚀效率，阻止超热电子对燃料的辐射预热，抑制流体力学不稳定性增长和靶丸壁的原子/分子与燃料的混合是制靶的又一项重要攻关方向。原则上选用低原子序数（Z）的材料（例如：碳氢、铍、高密度碳），其制备流程如图5-6所示。

以碳氢（CH）靶丸的研制为例。研制中，要重点解决芯轴原料

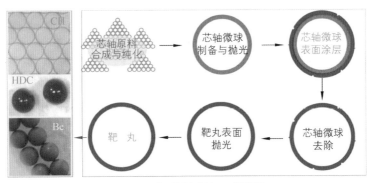

图 5-6 典型靶丸制备工艺流程

纯度、芯轴微球（1~3 mm）球形度与表面粗糙度、涂层组分控制及其内外表面粗糙度、芯轴降解性，以及抛光过程中靶丸强度与微结构变化等难题。具体而言，为保证原料对后续芯轴微球制备、芯轴去除等不产生负面效应，芯轴原料通常采用高温下可完全降解的高纯度聚α-甲基苯乙烯。首先，将高纯度芯轴原料配制成油相溶液，利用微流控技术形成水-油-水双层乳粒，精密调控固化、干燥过程，去除油相溶剂和内相水，获得高球形度的芯轴微球；然后，将芯轴微球放入碳氢涂层装置的真空腔室内；最后，向涂层装置的真空腔室内充入特定比例的反应气体，使其在电场的激励作用下等离子体化，形成化学性能活泼的各类活性基团。这些活性基团之间进行反应，并沉积在芯轴微球表面聚合成一层几十至上百微米厚的碳氢膜。通过高温降解去除芯轴微球，获得空心的碳氢靶丸，再经抛光磨去微球表面微纳米量级局部凹凸，最终获得靶丸。

目前，美国的两种候选点火靶丸结构设计如图5-7所示，即碳氢内掺锗靶丸［CH（Ge）］和铍内掺铜靶丸［Be（Cu）］。靶丸直径约

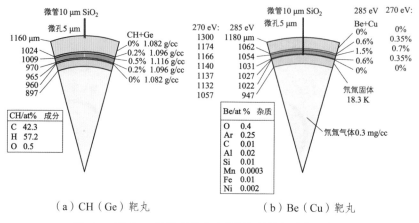

图 5-7　美国 NIF 两种候选点火靶靶丸结构与成分示意图

2 mm，壁厚约150 μm，不同掺杂浓度的膜层厚度偏差小于2 μm，掺杂浓度偏差小于0.1at%，表面粗糙度小于30 nm。靶丸由两片只有几十纳米厚的薄膜（被称为夹持膜）夹住，并悬浮在黑腔的中心位置。

5.2.4　靶精密装配

现在有了黑腔、靶丸、薄膜等零部件，需要把这些零部件高精密地组装在一起，形成整体靶，比如：$\phi 1 \sim 2$ mm的靶丸在黑腔（约$\phi 10$ mm × 5 mm）中心点位置沿X、Y、Z三个方向的定位精度优于10 μm。怎么办呢？可以想象：如同小孩玩拼装玩具，要把零件组装在一起，需要手和眼睛吧！的确，最初的装配就是如此——手工装配！但手工装配也有问题：重复性差、精度不高、效率低。由于靶零件最小特征尺寸达到微米以下，靶装配和传统的装配有很大不同，主要表现在零件的物理特性发生了变化，重力已可以忽略，而表面张力、范德华力等起主要作用（图5-8）。装配过程中如何实现微作用力的精确检测与控制、高精度定位控制成为关键性的挑战问题。另外，由于尺寸微小，难以目视，需要在显微镜下进行装配操作。

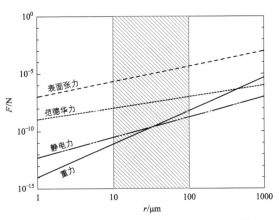

图 5-8　不同零件尺寸下重力与其他各种力的比较

　　随着自动化、智能化、机器视觉等技术的发展，现在的装配已经发展到了机器人装配。一个微靶装配机器人系统包括微操作机械臂、微夹持器、显微视觉、控制系统等。其中，微操作机械臂相当于人的手臂，微夹持器相当于人的手指，显微视觉相当于人眼，控制系统相当于人的大脑，即：通过显微视觉获知零件的位置和姿态信息，通过控制系统指挥微操作机器臂和微夹持器，实现各种装配操作动作（取零件、调整零件位置和姿态、放零件、零件与零件对接或套装等）。机器人装配大大提高了装配精度、效率和可重复性。图5-9是微靶装配机器人系统概念设计图。未来装配技术的发展趋势是借助人工智能和机器学习，实现全自动智能化装配。

　　美国点火靶装配的关键工序采用半自动装配方式，其针对靶丸-充气微管装配、冷冻罩装配、半腔套装、半腔对接、封口膜装配几大关键工序分别建立了如图5-10所示的专用半自动装配平台。

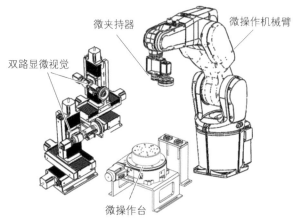

图 5-9　微靶装配机器人系统概念设计图

（a）靶丸 - 充气管半自动装配平台

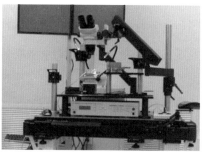

（b）冷冻罩半自动装配平台

（c）半自动涂胶系统

（d）半腔对接装配平台

图 5-10　美国点火靶装配关键工序专用半自动装配平台

5.2.5　靶参数检测

作为贯穿制靶全过程的靶参数检测技术，一直是制靶技术发展的重点。ICF靶的参数测量几乎涉及所有的现代无损检测技术，其检测类别包含：直径/长度/厚度、表面形貌与粗糙度、成分、密度、结构、力、热、电、磁、温度、密封性等三维空间定量分布。图5-11给出了靶参数检测类别。

由于点火靶设计要求测量的参数多、精度高，对某个参数的测量往往需要多种测量技术联合使用，以相互补充和校正，从而获得高置信度的测量数据。例如，靶丸的掺杂水平表征涉及接触式X射线照相（CR）、差分X射线照相（DXR）、特征X射线能谱（EDX）等检测技术。靶丸的整体形貌表征除了可以直接采用光学显微测量外，还可

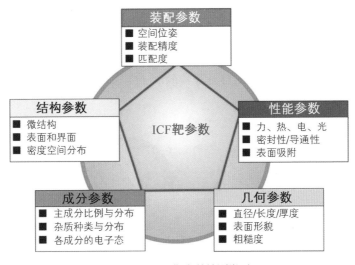

图 5-11　ICF 靶参数检测类别

以采用基于原子力显微镜（AFM）的全球面轮廓测量技术和相移衍射干涉（PSDI）的表面缺陷检测技术。

5.2.6 聚变燃料

聚变燃料如同"锅"中的"水"，装载于靶丸内。目前最容易发生聚变反应的物质是"D+T"反应，也就是说聚变燃料是氘和氚混合物（DT）。点火靶的DT燃料总质量约是1mg。它们可以以气态或气/固共存的形式存在于靶丸内（图5-12）。为提高聚变反应的中子产额和降低对驱动器激光能量的需求，现在普遍将聚变燃料的初始密度提高至固体密度，并形成空壳形状，即靶丸内表面均匀附着一层燃料冰层，中心是低密度的燃料气体。人们常称之为"低温靶"。如何将燃料装载进入靶丸呢？两种方法：热扩散渗透法（气体分子从靶丸外扩散渗透进入靶丸内）和微管充气法（如同用气枪向篮球内打气）。相比于热扩散渗透法，微管充气法不仅可极大地降低低温靶冷冻技术及打靶工程的复杂程度，而且还能显著降低DT燃料注入的氚操作风险，并可解决热扩散充气时间过长导致的DT燃料中^{3}He含量超标的问题。

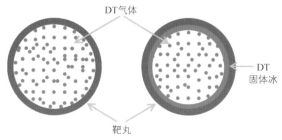

图 5-12 靶丸内的聚变燃料

但是，微管充气法也给靶制备、装配和冷冻带来了全新的挑战。同时，这根细细的充气管也是一个非常大的扰动源，会对内爆压缩产生不利影响。目前，研究人员已经对此进行了非常细致的研究工作，从充气管的管径、壁厚、插入靶丸壁的深度和靶丸-充气管之间的粘胶量等工程细节进行优化。

大家知道，在标准状况下，水的结冰点（科学上称为水的"三相点"）为 0 ℃。但是这个温度对于氘、氚而言实在是太高了，远不足以将其冻成冰。因此，需要像家庭中冰箱那样的低温制冷装置创造一个比水的结冰点还低约 255 ℃（–255 ℃）的低温环境，即约 18 K。与此同时，还必须得精准地测量和精密地控制温度，使其在 18 K 的基础上变化不超过 1 mK。这就需要高精度温度传感器（测量温度）、控温仪（控制温度），以及高精密的低温系统设计与制造。

有了低温环境，现在需要将这些在常温下为气体的分子由气态转变为液态或固态，最终均匀地附着在靶丸内表面形成球壳结构，表面粗糙度要精确控制在 1 μm 以下，比冬天水面上的冰或各位读者家中镜子的表面光滑和均匀多了。怎么才能实现如此高的要求呢？物理和材料科学家正在发展一套微介观流体输运与结晶生长理论，指导科研人员在靶丸内表面长出一层均匀、光洁、低缺陷、低杂质的燃料冰层，但冰层品质的高低只能依靠科研人员通过设计靶结构和温度场结构、提高靶零件和整体靶的精度，以及冷冻和均化工艺来摸索和解决。以此为契机，依然有许多科学奥秘和技术有待发掘，例如：低温下分子的物理/化学特性、微纳米材料的低温物性和低温老化、低温物质的原位高精细表征、储氢材料和金属氢的合成与制备等。

5.2.7 打靶工程

点火物理实验要求点火靶在低温（DT三相点温度附近）下实现打靶；而且，黑腔内靶丸周围的温度环境也必须具有极好的球对称性和低温稳定性（波动幅度小于1 mK）。目前，美国的低温靶打靶系统在经历了多年的使用和优化后，将燃料注入、冷冻与均化、高分辨在线表征、高精度低温测控与打靶耦合等功能高度集成（图5-13），能够满足点火物理实验的要求。

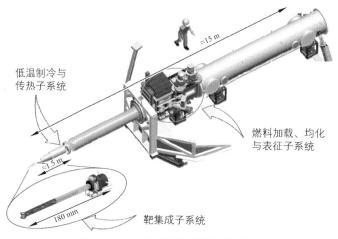

图 5-13　NIF 集成式低温靶打靶系统

5.3　点火靶的发展历程

在最开始的激光聚变研究中，人们曾经使用碳氘平面靶来验证利用激光实现聚变的可行性，并成功观测到了聚变中子。不过要达到一定的能量增益，则球形聚心内爆是必不可少的，所以球形靶丸成为后来所有聚变靶丸的基础形状。到现在，激光聚变靶主要有两种靶型：直接驱动和间接驱动中心点火靶。其他的靶型还有快点火靶和体点火靶等。

在点火靶的黑腔研制方面，最初采用高原子序数的Au柱腔，后来选用Au/U/Au柱形腔、球形腔和鼓形腔，最近中国和美国已经开始将黑腔内表面纳米化以提升激光-X射线的转化效率。

在点火靶的靶丸研制方面，最初大多采用高强度的SiO_2作为靶丸材料，到了20世纪80年代中期又开始选用有机聚合物材料，即碳氢靶丸，而到了最近几年，金属铍（Be）和高密度碳（HDC）的研发方兴未艾。靶丸由最初的单一壳层结构逐渐发展到目前的径向梯度掺杂、泡沫层、复杂多层结构并存的状态，总体趋势呈现出靶丸材料和结构多样化。

鉴于低温靶的显著优势，国际上很早就开始进行低温靶制备技术的开发，特别是中国、美国、法国、日本等国家已经取得实质性的进展。美国低温靶的研制进程大致如下：

●1974年，美国利用低温靶获得了比常温气体靶高2个数量级的中子产额，第一次从实验上证实了低温靶的优越性。

●1988年，美国人荷菲（Hoffer）等提出了基于氚β衰变的冰层均化技术（简称β分层技术）。该方法可以在靶丸表面形成较厚且均匀分布的DT冰层。β分层技术解决了含有放射性衰变的固体燃料冰层均化问题，但非放射性燃料的冰层均化问题仍未解决。

●1996年，美国人柯林斯（Collins）等发展了类似于β分层技术的红外线分层技术，并将其应用于没有放射性衰变的氘氘（DD）低温靶中冰层的均化，实验验证了红外线均化的技术可行性。

●1997年，美国在Nova激光装置上进行了平面液氘低温靶物理实验，测量了冲击波速度，获得了氘的高压状态方程。

●2001年，美国罗彻斯特大学LLE在Omega激光装置上首次完成了直接驱动低温靶打靶物理实验，取得了令人鼓舞的实验结果。

●2012年，美国通过NIC攻关计划，研制出实现聚变点火需要的U黑腔+CH靶丸+DT冰的间接驱动中心点火靶，达到了物理设计要求，但未实现点火。

●2020年，美国研制出U黑腔+CH靶丸+DT冰的间接驱动中心点火靶，实现了自持加热"燃烧等离子体"里程碑目标。

为了能够利用激光器进行ICF低温靶打靶，中国、美国、法国和日本等国又研制了与激光器、靶室和物理诊断系统配套的低温靶打靶系统（图5-14）。美国KMS公司、罗彻斯特大学、日本大阪（OSAKA）大学等先后在20世纪70年代、80年代末以及90年代初成功进行了低温靶打靶物理试验。为在国家点火装置（NIF）和兆焦耳级激光装置（LMJ）上进行激光聚变点火演示，美国和法国相继研发了与间接驱动中心点火靶相关的黑腔和靶丸制备技术、燃料注入技术、精密测量和装配技术、靶冷冻与打靶技术。现各项技术已趋于成熟，可基本满足ICF物理实验的需求。

我国自20世纪70年代末、80年代初开始探索激光聚变靶制备技术。到目前为止，我国的激光聚变靶制备技术取得了长足发展，已经形成了一套完整的、具有我国特色的ICF靶制备方法（例如：黑腔内表面纳米化、靶丸表面缺陷检测、精密装配、燃料冰层制备、靶点振

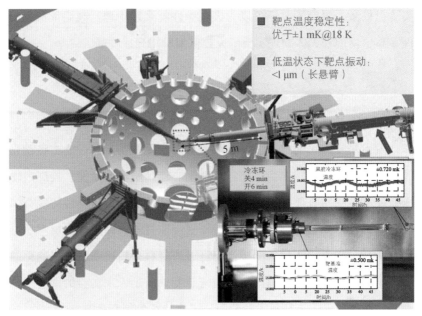

图 5-14　美国 NIF 靶室内低温靶与诊断设备的接口关系布局

动抑制和温度稳定性控制、打靶零前靶暴露等）的激光聚变靶研发体系，建立了精密微加工、靶材料研制、黑腔与靶丸制备、金属及聚合物薄膜成型、装配及靶参数检测、燃料加载、燃料冰层制备与原位表征等关键技术与工艺。目前，我国已具备2000发/年的常温靶和低温靶研发能力，有力支撑了激光聚变物理实验研究工作。

　　总的来说，激光聚变靶研发的总体趋势是靶零件材料和结构多样化、燃料冰层均化工艺精密化、打靶耦合自动化和精准化。随着激光器件水平的提高和制靶技术的发展，激光聚变靶在材料和构型方面也会有新的要求和新的发展。由此形成的研发能力除了为激光聚变物理实验提供激光聚变靶，还可以为极端条件凝聚态物理、高能量密度物理、高压物理和天体物理实验研究提供实验用靶或样品。

5.4 未来的发展方向

激光聚变点火的实现需要不断提高聚变靶的精度和性能，将激光能量尽可能高效率转换为靶丸和燃料聚心运动所需的动能、提高内爆压缩效率，同时有效抑制流体力学不稳定增长和靶丸与燃料的混合。可以想见，未来在能量转换材料、辐射烧蚀材料、高效聚变材料还可大有作为。与之相匹配，围绕如何将这些材料高精度制造成聚变靶的功能组件，并将其准确表征与高精密装配成满足未来实验的聚变靶，一系列制造技术、表征技术和装配技术将持续发展和提升。

能量转换材料：如何提高激光的吸收效率、激光-X射线的转化效率，形成全空间均匀与干净（尽可能单能和高亮度的主X射线、无其他能量的次级X射线）的X射线将是未来激光聚变靶中黑腔研发的一个重点方向。为此，将主要从三个方面入手：黑腔构型的改进、腔壁材料和微纳结构的提升、材料内电子状态的设计与精密调控。

辐射烧蚀材料：如何提高X射线的吸收效率和辐射烧蚀效率，形成高速与对称压缩的内爆聚心运动、抑制超热电子的快速传输。为此，将主要从三个方面入手：提升靶丸的内外表面光洁度和球形度、靶丸的径向密度梯度、靶丸内微结构和掺杂水平的调控。

高效聚变材料：为使激光聚变点火更易发生，有必要大力探索开发超越氢同位素固体密度的超高密度氢同位素材料，例如：金属氢、氢化物；同时，发展调控这些材料的微结构和电子状态的技术能力，以降低电子屏蔽和改变原子核的自旋状态，进而降低氢同位素的聚变势垒。

激光聚变能源靶：激光聚变研究的终极目标，是基于激光聚变实现发电，解决全球能源危机。为此要求大幅提高激光器运行的稳定性与激光聚变靶的生产效率和质量稳定性，并且要满足激光不间断打靶要求，初步估计打靶频率为10~16 Hz。由此，后续需要大力发展智能化的激光聚变靶生产与打靶流水线，减少人工干预，提高靶生产效率和打靶频率。

总之，激光聚变靶作为一个多学科研究的重要应用对象，必将引领材料科学与工程、微纳智能制造与装配、低温物理与工程、真空技术、表面洁净工程、显微无损检测技术和信息技术等学科不断向前发展，也为激光聚变、天体物理、高能量密度物理、极端条件下凝聚态物理等科学研究奠定坚实的物质基础。

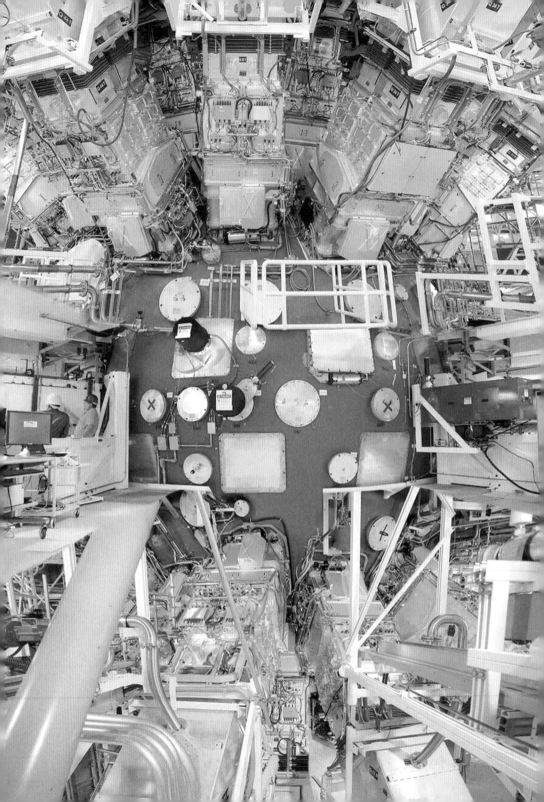

第 6 章

摘取聚变点火桂冠的物理实验

- · 激光聚变实验概述
- · 黑腔物理实验
- · 内爆物理实验
- · 综合点火物理实验

利用不断改进的先进计算程序LASNEX及HYDRA等对激光聚变过程和点火靶进行了详细的模拟计算，得出的结论是用百万焦耳级的激光能量可以实现聚变点火。然而，是否真的如此，还需要在实验室进行的激光聚变实验研究来验证和确认。由于激光聚变的过程非常复杂、影响因素众多、工程极其精密，任何一个环节出现偏差都有可能导致实验达不到预期。在激光聚变这个过程中，真实地体现了科学研究——特别是重大、复杂、前沿的科学技术研究的规律：实验和理论相互迭代和促进，进行预测—验证—再预测—再验证的循环，直到获得成功。

6.1　激光聚变实验概述

为达到劳森判据要求的温度和密度条件，需追求高的能量转换效率和靶丸压缩度，分解为内爆速度、熵增因子（熵增因子越低，越接近一定压力下所能达到的密度压缩极限）、混合（冷壳层在流体力学不稳定性作用下形成的尖钉混合进热斑会降低热斑温度并引入杂质）、靶丸形状等多个重要的内爆属性，涉及辐射流体力学、激光等离子体相互作用、物质辐射特性、材料压缩特性等多个学科方向，需建立内爆、黑腔等多个研究平台。如图6-1和图6-2所示，在毫米空间和纳秒时间内经过了如此众多和复杂的物理过程，而且很多物理现象还能在宏大和漫长的宇宙中找到对应，让人真切地感受到物理的神奇和世界的奥妙。

图6-3展示了间接驱动激光聚变能量的分配情况：一些激光能量会损耗在LPI散射激光、产生热电子和低密度等离子体等方面，激光到X射线的转换效率约76%，加热腔壁再损耗50%~60%的X射线能量，还有一部分X射线经开孔等漏失，最终只有10%~25%注入黑腔的激光能量被靶丸吸收。

间接驱动激光聚变实验可以大致划分为黑腔物理实验、内爆物理实验和综合点火物理实验三类。

黑腔物理实验：主要研究的是激光注入黑腔后如何将激光高效转换为X射线并均匀辐照在靶丸表面。

内爆物理实验：研究的是如何通过调节优化熵增因子、内爆速度、混合、靶丸形状这四个属性，提高靶丸燃料的压缩密度和温度。

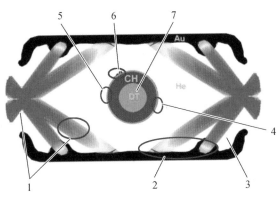

1—激光注入孔和激光在腔内传输过程中需研究激光等离子体相互作用；2—激光与物质作用处需研究激光物质相互作用、X射线转换、辐射输运；3—整个黑腔研究黑腔物理和辐射规律；4—X射线辐射到靶丸上研究黑腔物理和辐照对称性；5—靶丸上需研究靶丸物理、烧蚀规律和冲击波调速；6—各界面处需研究流体力学不稳定性；7—内爆过程需研究内爆物理、内爆速度和燃料状态。

图 6-1 从空间上看间接驱动激光聚变物理研究内容

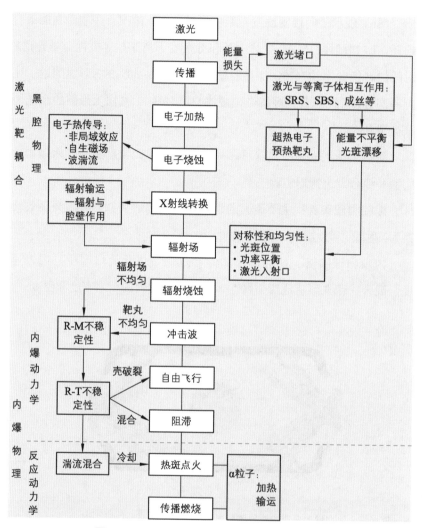

图 6-2　从时间上看间接驱动激光聚变物理过程

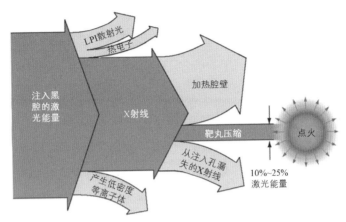

图 6-3　间接驱动激光聚变能量分配示意图

综合点火物理实验：研究的是在预估能实现点火的激光能量和精密工程指标条件下，精细优化熵增因子、内爆速度、混合、靶丸形状这四个内爆属性，实现点火需要的燃料压缩密度和温度条件。

除了综合点火实验以外的实验都可以认为是为了实现点火而开展的分解实验，这些实验可以验证理论及模拟计算的准确性。

6.2　黑腔物理实验

6.2.1　黑腔物理实验的主要研究内容

激光从黑腔的激光注入孔（LEH）进入黑腔，高功率激光沉积在黑腔壁上产生等离子体；激光被等离子体吸收，能量以电子热传导的方式向更高密度的等离子体传输，大部分能量转换为X射线；X射线辐射在腔壁约束下，经过多次吸收和再发射，把能量输运到整个空腔内表面并产生高温等离子体环境；该环境使辐射场空间均匀化，并渐近热力学平衡，X射线能谱逼近黑体辐射的普朗克谱；最终X射线辐射烧蚀位于黑腔中心的含DT燃料靶丸，使其内爆压缩并发生聚变。

黑腔中的等离子体情况很复杂：高Z金壁、低Z预填充气体、低Z靶丸等多种材料并存；激光烧蚀和X射线辐射烧蚀并存；辐射流体力学、激光等离子体相互作用、原子物理等多种复杂物理机制并存；等离子体温度、密度、尺度、流速等差异巨大；多种等离子体以不同规律运动并发生相互作用。

要想在有限的激光能量条件下实现点火，对驱动靶丸的X射线辐射场有很高的要求，不仅要求有足够多的辐射能量能够被靶丸吸收，而且极高的压缩度和极易产生的流体力学不稳定性对辐射场的均匀性有很高的要求，并且对辐射场内的硬X射线辐射份额也有相应要求。简单来说，就是对黑腔辐射源的温度、均匀性和干净性有很高要求。间接驱动激光聚变，首先将激光驱动源能量转换为软X射线能量，再由软X射线驱动含DT燃料的靶丸内爆，故又称为辐射驱动内爆。相比激光直接驱动，它的优点在于可以降低对激光束均匀性和流体力学不稳定性等的要求。

黑腔物理是间接驱动激光聚变中最基础和重要的研究方向，其主要内容是在深入研究激光在黑腔中的传播和等离子体相互作用、激光能量在腔壁中的沉积和X射线转换过程、黑腔等离子体状态及其辐射特性的基础上，通过优化黑腔结构和材料、优化激光波形等，为靶丸实现聚变点火提供满足较高激光-X射线转换效率和较好辐射场空间对称性的高性能辐射驱动源。图6-4为激光注入黑腔的透视示意图和针孔相机实际拍摄到的X射线图像。

　　激光在黑腔内和等离子体相互作用时会激发多种激光等离子体不稳定性，散射掉大量激光能量，而且还会产生高能电子，直接进入靶丸提前加热燃料，降低内爆压缩效率。没有被激光等离子体不稳定性损耗掉的激光到达腔壁附近发生能量沉积和X射线转换：激光将能量传递给腔壁附近的高Z高密度等离子体，获得能量的高Z离子通过各种原子过程发射X射线，该区域称为光斑区；光斑区发射的X射线会进一步辐照黑腔内部其他未被激光直接照射的腔壁区域，这些区域被X射线加热后同样会离化产生等离子体并且再发射X射线，该区域称为辐射烧蚀再发射区。

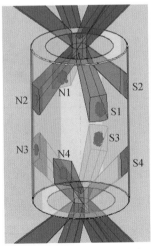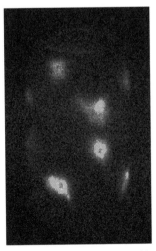

（a）黑腔内激光光路和光斑的透视示意图　（b）薄壁腔光斑透射出的 X 射线

图 6-4　激光注入黑腔的光路和光斑

实验中黑腔X射线辐射流诊断由软X射线能谱仪（SXS）、全能段平响应X射线探测器（FXRD）和金M带平响应X射线探测器（MXRD）这三种各有特点、互为补充的探测器构成。光子能量0.1~10 keV的低能段X射线能谱诊断通常由SXS谱仪和透射光栅谱仪完成。黑腔物理实验中利用滤波荧光谱仪（FF）获得光子能量范围为5~300 keV的超热电子辐射谱，推断超热电子温度和能量份额。利用X射线针孔相机（PHC）获得光子能量大于2.5 keV的时间积分X射线图像，监测激光瞄准精度、光斑位置、光斑形状、光斑大小、光斑移动情况和LEH激光注入情况，判断是否发生LEH激光挂边等行为；利用X射线分幅相机（XFC）获得两个准单能（主要能点约0.8 keV和约2.5 keV）多个时刻的空间二维黑腔等离子体X射线图像；利用X射线条纹相机（XSC）获得时间连续空间一维的黑腔等离子体X射线图像。图6-5是一次实验中获得的关于等离子体运动过程的实验照片。

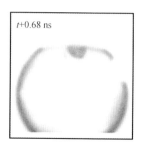

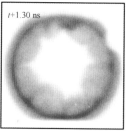

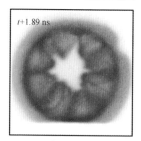

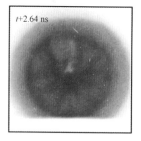

图6-5　X射线分幅相机从激光注入孔观测到的黑腔内等离子体聚心运动过程

6.2.2　黑腔的改进

黑腔的几何构型和腔壁材料对黑腔物理有着直接的影响。传统常用的直柱腔中激光等离子体不稳定性和辐射不对称性等难以调控，能量耦合效率不高，需要进一步改进黑腔几何构型和腔壁材料。

1. 改进黑腔几何构型

在相同腔长和腔径情况下，将传统柱腔改进为橄榄球腔能够减小腔内表面积、提高耦合效率，但激光传输和激光等离子体不稳定性等存在一些风险。花生腔是将传统柱腔外环激光腔壁打击环处的半径增大，以延迟腔壁等离子体往腔内运动的时间，促进内环激光传输，但可能减小能量耦合效率。它们的构型示意图如图6-6所示。

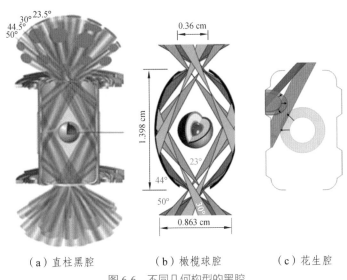

（a）直柱黑腔　　　　（b）橄榄球腔　　　　（c）花生腔

图 6-6　不同几何构型的黑腔

　　以上介绍的直柱黑腔、橄榄球腔和花生腔等均为两个激光注入孔的柱对称腔型。由于这些柱对称黑腔本身就不是球形结构，因而在球形靶丸上的辐照均匀性较差，而且是随时间变化的，均需采用内外环等多环激光注入，并利用复杂的技术手段调节束间功率平衡以获取满足内爆要求的辐照均匀性。而且，由于内外环激光所经历的等离子体状态与传输距离均不相同，导致内外环背反份额也不同。为了弥补内环驱动不足，NIF装置上采用复杂的调节技术将外环激光的能量转移到内环。

　　事实上，这种柱对称黑腔不仅需要复杂的技术手段来辅助获得所要求的靶丸辐照均匀度，而且还需要精准的理论模型与数值模拟来指导实验。因此，如果能够设计出一种无须进行复杂的技术调节而本身就具有良好辐照均匀性的黑腔腔形，将会大大降低对调节技术手段与理论模拟的苛刻要求，从而也大大降低了内爆点火的风险。

　　因而提出了六孔球腔（图6-7），该方案每个注入孔仅需单环激光入射，天然具有优良的辐照对称性，无须进行复杂的技术调节。但为保证适当的能量耦合效率，六孔注入设计又产生了注入孔尺寸相对较小、激光功率密度较高等问题，该条件下的激光传输和激光等离子体不稳定性等风险是球腔的研究重点，因此，如何平衡激光注入

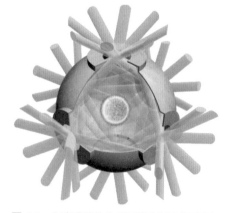

图6-7　六孔球腔的构型及激光排布示意图

和能量效率问题是六孔球腔设计的关键问题。

近些年，三轴柱腔、六通柱腔、六管球腔等新型黑腔构型不断出现，这类黑腔构型主要由三个柱腔正交拼接而成，共有六个激光注入孔。这些腔型大体相似，汲取了柱腔和球腔的一些优点。与球腔类似，正交三柱黑腔具有优良的辐射对称性；每个注入孔均采用单环激光注入，在每个柱腔内看相当于只有传统单柱腔的外环，而用临近柱腔的单环辐照代替传统单柱腔的内环辐照，从而避免了传统单柱腔复杂的内外环能量交换问题和内环较强的激光等离子体不稳定性问题；牺牲了一些耦合效率，但可接受且有一些补偿的方法。图6-8是三轴柱腔的结构和激光入射示意图。

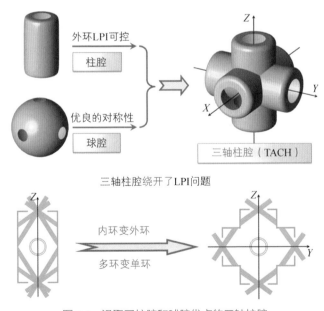

图6-8 汲取了柱腔和球腔优点的三轴柱腔

2. 改进腔壁材料

黑腔辐射温度和黑腔能量耦合效率还与腔壁材料、密度密切相关。

理论上大体认为原子序数越大，X射线转换效率越高；在高原子序数的材料中，金的制备工艺成熟、化学性能稳定、寿命长，所以实验大多采用金制作的黑腔。但金黑腔产生的X射线辐射场具有较强的高能（M带）X射线发射，由于M带光子能量较高，能够穿透靶丸表层在冲击波抵达之前预热靶丸燃料，从而显著降低内爆过程的流体力学效率。为了减小预热影响，目前的应对之策是在靶丸低Z烧蚀层中进行多层梯度掺杂中高Z元素，以吸收阻挡M带等高能X射线，但掺杂本身又加剧了烧蚀层内各界面流体力学不稳定性。理论研究表明，多层材料制作的鸡尾酒黑腔、纯铀黑腔的辐射不透明度较高，激光与腔靶的能量耦合效率较高，但鸡尾酒黑腔制备工艺不成熟，至今世界上还没有制备出满足理论设计需求的鸡尾酒黑腔，而纯铀又极易氧化。铀元素的原子序数比金高，理论上其X射线的转换效率更大；同时，铀元素的M带发射位于相比金更高的能量区域且能量份额更小，对靶丸影响较小。我国经过详细深入而卓有成效的研究，已经攻克了铀材料表面防氧化保护层的黑腔制备核心技术。

另一方面，相对高密度材料而言，低密度材料被激光、X射线辐射烧蚀后形成的低密度等离子体动能较低，可减缓等离子体膨胀；同时，激光能量更多地转换为了等离子体内能，提升了X射线辐射能流。可采用孔洞或多层的结构制作腔壁以降低密度，对黑腔中减缓等离子体运动和提高能量耦合效率都有较多益处，有望提高黑腔辐射场均匀性和辐射温度等品质，这也是黑腔的一个重点优化方向。

6.3　内爆物理实验

内爆物理实验的目的是找到将DT靶丸压缩到原直径约三十分之一的大小，并在中心形成10 keV高温热斑的实现方法，其中熵增因子（α）、内爆速度（V）、混合（M）、靶丸形状（S）是内爆实验需要控制的四个重要属性。为控制这些重要内爆属性，需要从控制激光和靶参数等多种参数做起，如激光波形、靶丸各层厚度和材料、黑腔几何结构和材料选择等，图6-9（a）展示了这些设计细节。优化这四个重要内爆属性的主要实验平台和典型实验数据如图6-9（b）所示。

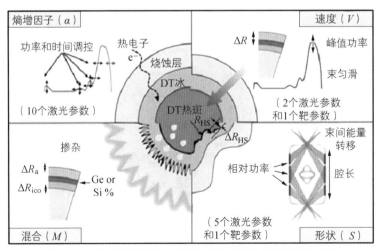

（a）为优化四个重要的内爆属性而设计的激光参数和靶参数

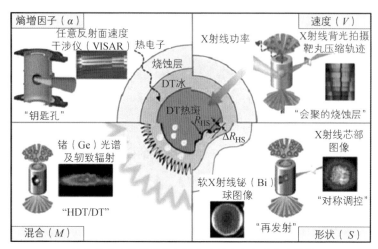

（b）优化内爆属性的主要实验平台和典型实验数据

图 6-9 为优化四个重要的内爆属性而开展的设计和实验

　　以靶丸形状的研究为例，靶丸通过内爆达到直径约35倍的压缩度，把约1 mm直径的靶丸压缩到约30 μm直径，体积上即是约四万分之一的惊人压缩，相当于将一个篮球压成豌豆大小，如图6-10所示。可想而知，其所需要的压力强度和均匀性以及可能引起的严重的流体力学不稳定性方面的要求有多高。

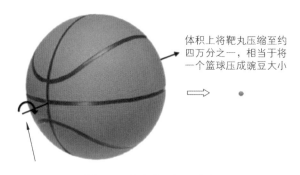

图 6-10 靶丸的压缩示意图

流体力学不稳定性是司空见惯的自然现象，如海浪的破碎、江河的泛滥成灾、海啸的发生、云的翻卷和风的形成、超新星的爆发及冲击波与星际云的作用等。严格地说，只要流体中有压力、密度、温度和速度的不均匀性，就会产生流体力学不稳定性。如果两种流体之间的交界处凹凸不平整，那么在流体力学不稳定作用下，这种不平整性会变得越来越严重。

惯性约束聚变内爆中的流体力学不稳定性主要是Rayleigh-Taylor（RT）、Richtmyer-Meshkov（RM）和Kelvin-Helmholtz（KH）三种。当轻流体加速重流体，或重力场中轻流体支撑重流体时，流体界面是RT不稳定性；当冲击波通过存在扰动的流体界面时，其界面是RM不稳定性；当流体界面存在切向速度差时，其界面是KH不稳定性。

图6-11展示了不同位置、不同物理机制作用下的多种流体力学不

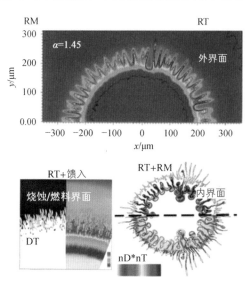

图 6-11　不同位置、不同物理机制作用下的多种流体力学不稳定性

稳定性（RT不稳定性、RM不稳定性、RT+馈入、RT+RM），图6-12显示的是流体力学不稳定性随时间和压缩程度的变化过程，初始的小扰动放大为越来越细长的尖钉状结构。为避免严重的流体力学不稳定性导致冷壳层等混合进热斑降低热斑温度并引入杂质，要求极高的靶丸光洁度，并且尽量减小靶丸夹持膜和充气管等的尺寸和影响，如图6-13所示。

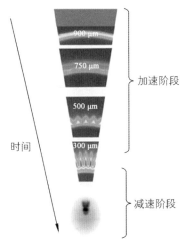

图 6-12　流体力学不稳定性随时间和压缩程度的变化过程

　　内爆不对称性主要是由黑腔辐射场不均匀性决定。以两端注入直柱腔为例，其辐射场不均匀性主要由黑腔长径比、腔壁反照率、腔壁等离子体运动（打击点随之移动）、腔球比例（随靶丸压缩而改变）、光斑排布、腔壁开孔和激光等离子体相互作用等因素决定，这些众多且复杂的因素使得均匀辐射场的调控充满挑战，且整个驱动过程中辐射场不均匀性一直在动态变化。

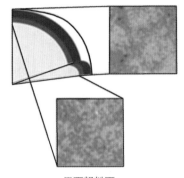

界面粗糙面

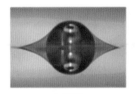

夹持膜

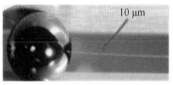

充气管

图 6-13　改造靶丸光洁度、夹持膜和充气管等可改善流体力学不稳定性

　　内爆对称性实验分为最大压缩时刻的对称性和压缩过程中的对称性两种。前者指直接观测最大压缩时刻的对称性，对一个完整的驱动过程进行时间积分，过程中的驱动辐射强度的不对称性可抵消，以在最大压缩时刻实现近似球形内爆；后者指研究内爆靶丸随时间的变形过程，要经过一个完整的驱动过程后达到近似球形内爆的目标，就要研究压缩过程中内爆靶丸随时间的变形过程，中前期某一时刻的形变量大致是该时刻前的辐射驱动的累积结果，后期受到靶丸被高度压缩后的阻滞压力。目前，NIF采用了内外双环注入调控功率比、束间能量转移等技术控制辐照对称性，最关注最初2 ns和最大压缩时刻的对称性。NIF实验表明，尽管采用了这些辐照对称性的控制技术，内爆

对称性的问题仍然严重。图6-14显示，内爆对称性随柱腔长度变化，实验和数值模拟的内爆形状变化结果一致。

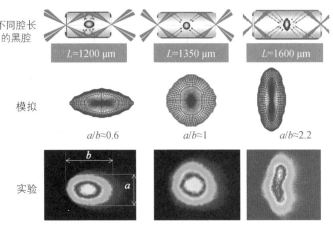

不同腔长的黑腔　　模拟　　实验

$L=1200\ \mu m$　　$L=1350\ \mu m$　　$L=1600\ \mu m$

$a/b\approx0.6$　　$a/b\approx1$　　$a/b\approx2.2$

图 6-14　实验和数值模拟的内爆形状变化结果对比

6.4　综合点火物理实验

综合点火物理实验，是在黑腔和内爆的分解实验研究和改进的基础上，在接近实现点火的激光能量和精密工程指标条件下，精密调节熵增因子、内爆速度、混合、靶丸形状这四个内爆属性，追求实现聚变点火目标的实验。美国NIF上开展了国家点火攻关（NIC）等系列综合点火实验，但实验结果表明，离实现点火仍有一些距离。近些年，NIF团队新发展了高分辨实验诊断能力和包含多维扰动效应的模拟能力，试图观测和分析导致内爆性能降低的主要因素。物理研究表明，激光等离子体不稳定性和流体力学不稳定性是造成内爆性能降低的关键因素。

美国LLNL对NIF实验进行持续改进，不断地向点火巅峰发起挑战：2011年3月的早期实验仅放能约0.3 kJ；2012年通过NIC项目使得放能接近3 kJ；2014/2015年激光波形改用高脚脉冲实现α粒子加热使放能达到28 kJ，大于燃料吸收的能量，即燃料增益大于1；2017/2018年激光波形采用大脚脉冲，靶丸烧蚀层采用高密度碳（HDC），α粒子加热开始占主导，放能达到70 kJ，中子产额达到2×10^{16}，比2012年的中子产额高出100倍之多，接近燃烧等离子体状态。2020年末至2021年初，通过放大靶丸尺寸、提高制靶质量等改进举措使放能达到100~170 kJ，靶丸增益（即靶丸聚变释放的能量与作用在靶丸上的能量之比）大于1。而最终实现点火要求放能约2 MJ，大于激光能量，整体增益大于1，中子产额达到1×10^{17}以上。NIF综合点火实验的历程和未来的目标如图6-15所示。

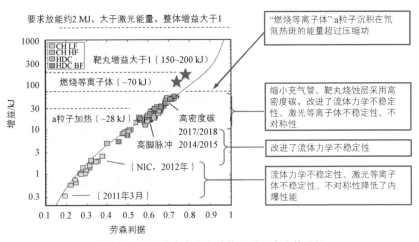

图 6-15　NIF 综合点火实验的历程和未来的目标

这里，有几个名词需要解释一下：

高脚脉冲（High-Foot）：原点火设计中激光脉冲初期的功率较低（低脚脉冲），通过适当提高该时期的功率（高脚）、提高第一个冲击波的强度、减少冲击波总数、缩短激光脉冲总长度等手段，以提高靶丸壳层（烧蚀层与主燃料层）的熵增和降低靶丸压缩度为代价，达到减小流体力学不稳定性、防止CH等材料制作的烧蚀层混合入DT热斑、最终提高聚变产额的目的。高脚脉冲和低脚脉冲曲线的对比如图7-12所示。

大脚脉冲（Big-Foot）：大脚脉冲是沿着高脚脉冲思路继续改进，相比高脚脉冲，激光脉宽更短，熵更高，冲击波汇聚位置更靠靶丸外侧。大脚脉冲有意牺牲高压缩比和面密度，增进对称性，减小流体力学不稳定性，增进实验的可预测性，获得高内爆速度和高耦合效率，以实现高增益。

高密度碳（HDC）：HDC作靶丸烧蚀层，相比其他常见烧蚀材料，其密度更高，烧蚀层可更薄，激光脉冲可更短（如大脚脉冲）。靶丸的流体力学不稳定性无充足时间发展；同时，黑腔内的腔壁等离子体来不及运动到较靠近腔轴的位置，不需要充入较高密度的气体来抑制等离子体运动，从而避免高密度气体对激光的强散射。

人们在激光聚变领域倾注了大量的精力进行研究探索并取得了很大的进展：物理上致力于提升对靶物理的认知和探索早日实现点火的新方法；模拟计算上提升模拟能力和提高置信度；激光上致力于改善激光品质、增加激光能量和提高激光吸收效率；制靶上致力于提高靶的质量和拓展制靶能力；诊断上提高分辨精度和丰富诊断手段。通过以上的全面改进，以期在激光聚变研究中实现点火之日的早点到来。

　　实验室进行激光聚变物理实验研究已经走过了近六十年的漫长岁月。从实验结果来看，从首次产生聚变中子到在目前NIF装置上的物理实验达到了接近点火的物理区域，虽然没有实现能量得失相当，但确实进展巨大。科学认知前进的路是螺旋式上升的，现在人们已经越来越接近点火这一目标。美国、俄罗斯、欧洲和我们国家都在这一伟大的征程中不断加入新鲜的血液，也期待在不久的将来可以收获真正的"人造太阳"，实现人类的能源自由梦想。

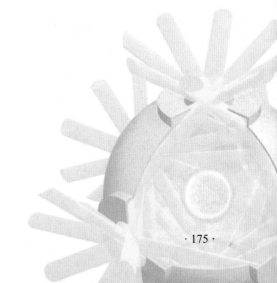

第 **7** 章

物理诊断

——细微之处看聚变

- 黑腔物理诊断技术
- 内爆物理诊断技术
- 应用实例
- 结语与展望

诊断一词原是医学概念，意指诊视和判断病人的病情及其发展。在激光聚变研究中，诊断是指基于对物理过程的了解，采用一定的方法和技术来观察靶状态的变化。激光聚变诊断好比是一名"体检医生"，帮助我们"检查"激光聚变实验的"健康状况"。由于迄今为止中心点火仍然是最受关注的点火方式，其配套的诊断技术的发展也最为成熟，所以本章我们将以中心点火为例来介绍相应诊断技术的应用和发展。

传统中医讲究望闻问切，现代西医也是多管齐下、多种诊断并举，以求能够找准病因，然后对症下药。例如，筛查新冠肺炎需要结合核酸检测、抗体检测和肺部CT等多种诊断的结果，以避免误诊和漏诊。同样，激光聚变物理过程非常复杂，而且在极小的空间尺度和极短的时间尺度内发生，为弄清从激光进入黑腔到内爆聚变的整个过程，也需要多种诊断相互配合。以美国NIF为例，其上配备了高达60多台/套的诊断设备，总共可以提供多达300个通道的实验数据。

就像医院要分不同的科室，医生要分不同的专业，为了便于讨论和管理激光聚变中各种各样的诊断技术和设备，通常也要对其"分门别类"。按照不同的分类标准，可以有不同的分类。例如，按照诊断方式，可以分为被动诊断和主动诊断；按照诊断对象，可以分为可见光诊断、X射线诊断和核诊断；按照物理功能，可以分为黑腔诊断和内爆诊断。其中，按照物理功能来分，既呼应了物理过程在时间线上的先后顺序，逻辑清晰；又强调了诊断发生效用的物理场景，意义明确。因而我们采用这种分类方法，分别梳理了黑腔和内爆两个阶段主要的物理过程及所需的诊断技术。下面将对这些诊断技术进行一个概括性的介绍。

7.1　黑腔物理诊断技术

黑腔的基本作用是为内爆的靶丸提供一个高温、干净、均匀的辐射场。黑腔阶段涵盖的主要物理过程是：激光穿过注入孔辐照黑腔壁，黑腔壁吸收激光能量后产生X射线，X射线也参与烧蚀黑腔壁。黑腔壁受激光和X射线的共同作用被加热，逐渐向着腔轴方向膨胀运动。黑腔研究的主要目的是进行黑腔优化设计，即通过改变黑腔的构型、尺寸和材料等参数，找到满足后续内爆过程要求的综合性能最佳的黑腔。黑腔的"综合性能"主要体现在高效性、干净性和均匀性3个方面。

高效性：通常以激光-黑腔能量耦合效率（即激光到X射线的能量转换效率）来表征。能量耦合效率越高，表示同样的激光能量产生的X射线辐射场越强，进而能为后续的内爆过程提供更强的驱动。

干净性：理想的辐射场应该是黑体辐射，X射线能量主要集中在0.1~1.5 keV。但是激光与腔壁材料作用不可避免地产生了像M带这样能量更高的X射线以及平均能量很高的"超热电子"。对于内爆而言，它们都是不利因素，都是影响干净性的"污染源"。

均匀性：黑腔壁上激光辐照区域产生的等离子体会逐渐向腔轴方向运动。等离子体运动的同时，激光能量沉积的位置随之运动，X射线的发射区域也在不停地发生变化。对于位于黑腔中心的内爆靶丸，这些发射区域像一个个光源，光源的位置不断改变，内爆靶丸"感受"到的辐射场的均匀性也在不断变化。黑腔等离子体运动是影响辐射场均匀性和内爆对称性的重要因素。

7.1.1 激光 - 黑腔能量耦合效率

表征激光-黑腔能量耦合效率的主要物理参量有：辐射流、辐射温度和散射光能量份额，其对应的诊断技术分别是：辐射流探测系统、软X射线光谱仪和背向散射光诊断系统。

1. 辐射流探测系统

就好像可以用光照强度表示太阳光的强弱，我们可以直接用辐射流表示黑腔辐射源的强度。应用最为广泛的辐射流探测器是X射线二极管（XRD），它的基本原理是利用光阴极将X射线信号转换成电信号。经过精密标定的XRD能够定量测量辐射流随时间的变化。XRD系统原理简单可靠，测量精度高，是辐射流测量必不可少的诊断手段。

2. 软 X 射线光谱仪

理想的黑腔辐射场是黑体辐射，它对应的辐射光谱是普朗克谱，可以用辐射温度来表征它的强度。测定辐射光谱，就可以得到辐射温度。测量该辐射光谱的仪器是软X射线光谱仪。它的基本思想是将一个假定为普朗克谱分布的辐射源分成多个能谱段（由反射镜和滤片组合起来实现"带通"选能），然后用XRD测量每一个能谱段的信号强度，最后根据这些分能段的信号强度进行反演，恢复出原始的谱分布，进而得到辐射光谱和辐射温度随时间变化的信息。

3.　背向散射光诊断系统

当激光注入黑腔后，除了一部分激发腔壁材料形成X射线外，还有一部分会与腔内的等离子体发生相互作用，产生散射光，从而引起能量的耗散。由于散射光大多沿着激光注入的背向方向，因而也称之为背向散射光。背向散射光诊断系统的基本原理是采用漫反射板直接对散射光进行"拦截"，或者采用反射镜阵列将散射光收集到漫反射板上，再通过光学系统对漫反射板进行成像，进而得到散射光的强度信息。当然还可以采用光纤直接从光路中进行取样，经光谱仪分光后，用具有高时间分辨的光学条纹相机记录，获得时间分辨的散射光光谱信息。

4.　条纹相机

光学条纹相机能够对光学信号实现高时间分辨的一维"成像"，即它记录的图像一维是时间，另一维是空间。光学条纹相机广泛应用于像背向散射光诊断系统这样非常需要高时间分辨记录设备的场合。在条纹相机前合理配置X射线-可见光的转换体，还能够实现对X射线的时间-空间分辨记录，也就是X射线条纹相机。条纹相机的工作原理（图7-1）是先通过光电阴极实现光-电转化，将光脉冲转化成电子束脉冲信号；然后利用偏转电场对电子进行偏转，不同时刻到达的电子信号被偏转到不同的位置，将超快光的时间变化特性转变为空间变化特性；最后利用微通道板（MCP）对电子信号进行放大，用荧光屏进行记录。通常情况下，光学条纹相机能够实现50 μm空间分辨、5 ps的时间分辨。

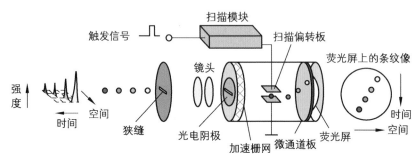

图 7-1　条纹相机工作原理示意图

7.1.2　辐射场的干净性

通常采用透射光栅谱仪测量辐射场的光谱分布，直接获得M带的强度，了解辐射光谱与黑体辐射的偏离程度。通过透射晶体谱仪测量黑腔等离子体辐射的硬X射线能谱，间接获得超热电子的能谱特征。

1.　透射光栅谱仪

黑腔辐射X射线的能量范围主要集中在0.1~5 keV（对应的波长范围是0.2~12 nm）。合理设计的透射光栅谱仪（TGS）能够完全覆盖该能区。TGS的核心元件是光栅，它利用光栅衍射原理实现对辐射光谱的色散。光栅衍射原理是说，当单色的X射线束穿过一组相互平行的狭缝时，在每个狭缝都会产生衍射光，这些衍射光发生干涉，在记录面形成亮暗相间的条纹状分布。条纹位置和强度与X射线的能量和强度密切相关，分析条纹特征即可得到入射的X射线能谱。通常光栅狭缝的空间尺度是100~500 nm，只能像计算机芯片那样采用光刻工艺来加工。

2．透射弯晶谱仪

激光等离子体相互作用产生的超热电子在穿过黑腔壁时会因韧致辐射等过程发射能量大于10 keV的硬X射线。硬X射线的能谱形状与超热电子的能量和数量密切相关。通过测量硬X射线的能谱可以间接反推超热电子的能谱特征。

一类常用于测量X射线能谱的设备是晶体谱仪。晶体谱仪的原理是利用晶体内部具有规律的晶格结构对X射线的衍射来实现分光。晶体之所以能够成为X射线的"天然的分光器"，其根本原因是晶格的空间尺寸与X射线的波长相近。晶体的构型分平面和曲面两种，曲面晶体往往具有更大的测谱范围和更高的收光效率。曲面晶体又可以设计成反射式和透射式两种测谱模式，反射式适用于10 keV以下的低能区测量，而透射式适用于10 keV以上的高能区测量。因此，适用于测量超热电子产生的硬X射线能谱的晶体谱仪必然是透射弯晶谱仪。

7.1.3　等离子体运动

因黑腔壁等离子体受激光加热会发射X射线，对这些自发射的X射线进行成像即可监视发光等离子体的整体形貌和运动轨迹。最常用的该类诊断设备为X射线静态成像组件和X射线分幅相机。两种设备各有优缺点，互相补充。

1．X 射线静态成像组件

X射线静态成像组件基于最简单的针孔成像原理。现在我们日常生活中使用的照相机采用凸透镜来对"物"缩小成像，而最早的照相机是16世纪文艺复兴时期欧洲出现的供绘画用的"成像暗箱"，它利用针孔成像来对"物"进行缩小然后记录。与"成像暗箱"不同，由于被观测的等离子体发光区域往往在毫米尺度，X射线静态成像组件需要对"物"进行放大，而不是缩小。通常X射线静态成像组件通过不同的滤片组合来选择X射线的能量范围和衰减X射线的强度，使用CCD来记录图像。"静态"的意思是X射线静态成像组件不具备时间分辨能力，只能获得等离子体运动区域的时间积分的图像，不能直接获得等离子体的运动轨迹。X射线静态成像组件结构简单、稳定可靠，是激光ICF实验研究中应用最多、最成熟的诊断技术之一。

2. X射线分幅相机

X射线静态成像组件是一台每次使用只能曝光一次的"照相机"，不具备时间分辨能力。我们有没有能够实现"连拍"功能的照相机呢？试想如果在待观测的时间段内连续拍摄多张照片，那么岂不是就能够观测等离子体发光的动态变化？分幅相机就是能够实现"连拍"的照相机。

分幅相机的基本原理也是针孔成像（图7-2）。它利用成像针孔阵列来产生多幅图像，这些图像分布在微通道板（MCP）上的几条平行的Au阴极微带上。阴极微带可以将X射线信号转换成电信号。当MCP加高压以后，电信号才能被放大，然后在MCP后面的荧光屏上形成图像。如果所加高压是脉宽很窄的选通脉冲，选通脉冲在微带中传输，依次选通所经过的针孔图像，就可以采集到不同时刻的二维图像，进

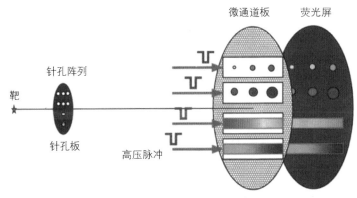

图 7-2 分幅相机工作原理示意图

而实现连拍，得到等离子体运动信息。X射线分幅相机原理和结构都比较复杂，但它能够实现不大于100 ps时间分辨的高速照相，不仅能在黑腔等离子体运动观测中发挥作用，而且在内爆物理中也有极其广泛的应用，例如诊断内爆驱动不对称性、流体力学不稳定性扰动增长等。

7.2 内爆物理诊断技术

在黑腔辐射场的作用下，位于黑腔中心的内爆靶丸被压缩和加热，达到接近太阳核心的密度和温度状态，从而产生可观的聚变反应。内爆物理过程主要分为三大阶段：

辐射烧蚀与早期驱动阶段：产生于黑腔内壁的X射线传播到达靶丸表面，加热靶丸壳层材料，使之转换为等离子体态，并快速向外飞散。在反冲力的作用下，剩余的壳层材料向内压缩产生内爆。这个过程与火箭发射类似。

内爆压缩与壳层飞行阶段：整个靶丸壳层在冲击波作用下向内飞行，先加速后减速，被逐渐压缩。驱动的X射线能量被逐步转换成了壳层向内飞行的动能。

压缩后期阻滞阶段：形成一个高温高密度热斑，聚变反应就是在这个阶段发生。装有聚变燃料的靶丸，在经历了高达30~40倍收缩比的内爆压缩后，氘氚燃料密度在短时间内急剧提升4个数量级，超过铅密度的10倍，燃料芯部形成一个上亿摄氏度的热斑等离子体，就像一个"微型太阳"一样发生剧烈的聚变反应，更准确地说是一个比太阳还要炙热的微球体（太阳表面温度约$6 \times 10^3\,℃$、芯部温度约$2 \times 10^7\,℃$）。

7.2.1　辐射烧蚀与早期驱动阶段

在这个阶段，辐射场能量转化为壳层向内飞行的动能。靶丸"火箭"的飞行效率与物质的辐射特性和状态方程密切相关。在激光聚变实验研究中，有实验专门针对样品的辐射特性和状态方程开展研究。下面我们分别介绍辐射特性和状态方程研究中常用的一种诊断设备。

1. 三色谱仪

物质辐射特性主要是指辐射在物质中的发射和吸收过程，以及辐射从黑腔内壁到靶丸的输运过程。三色谱仪是该类实验中常用的一种诊断设备。我们知道，在可见光波段，不同波长的可见光会呈现出不同的颜色，在X射线波段，虽然人眼不能直接看到，还是习惯上把不同波长的X射线称为不同的"色"。三色谱仪就是能够同时测量三种

X射线"色"的诊断设备，能够同时针对样品发射的M带、N带和O带X射线辐射进行时空关联测量。

如图7-3所示，三色谱仪由三条成像狭缝、三个分光光栅和一台条纹相机组成。成像狭缝与光栅狭缝相互垂直，X射线条纹相机的光阴极狭缝与透射光栅狭缝相互平行，三个成像狭缝从同一方向将三幅具有一维空间分布的X射线图像分别投射到三光栅上，这三幅无能谱分辨的图像经光栅色散后将某一波长的空间分布图像投射在X射线条纹相机的光阴极狭缝长度方向的三个不同位置上，从而实现一维空间分辨和能谱分辨。

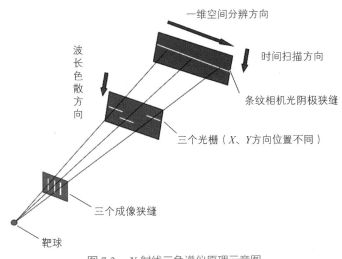

图 7-3　X 射线三色谱仪原理示意图

2. 冲击波测量系统

物质状态方程（EOS）主要用于描述物质温度、密度、压强、内能等热力学状态参量之间的关系，它影响靶丸的压缩特性。EOS的几个参数中只有冲击波速度是直接可被测量的物理量，因此冲击波速度测量是获得相关材料状态方程数据的最主要手段。在内爆辐射烧蚀与早期驱动阶段，测量冲击波的速度，进而反推出冲击波的强度，还能够表征靶丸吸收的辐射能量。

用于测量冲击波速度的最常用诊断设备是任意反射面速度干涉仪（VISAR）。VISAR的原理是用一束探针光来照射透明样品，探针光会被冲击波阵面反射回来，探针光与反射光之间由于存在光程差，可以产生干涉条纹。观测干涉条纹的移动就能确定冲击波的速度。VISAR系统组成如图7-4所示。

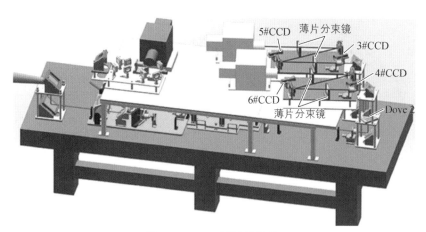

图 7-4　VISAR 系统示意图

7.2.2　内爆压缩与壳层飞行阶段

在这个阶段，壳层持续向内飞行，先加速后减速。壳层的动能是个很重要的物理量，因为壳层动能将在压缩后期通过压缩做功的形式转换为燃料的内能。根据动能与质量和速度的关系 $E=mv^2/2$，只要知道壳层剩余质量的变化和壳层飞行速度，就能够评估壳层的动能。壳层剩余质量和壳层飞行速度都可以由壳层飞行轨迹获得。

在壳层加速和减速阶段，壳层表面存在的微小缺陷或者扰动，会随着壳层向内飞行而逐步增长，形成一个个小的尖钉或者气泡。这些流体力学不稳定性扰动增长到一定程度，有可能会影响内爆性能。研究这些扰动的增长情况，需要对壳层表面形貌进行观测。

就像医生借助 X 射线透视照相来观察患者的肺部，安检员凭借 X 射线透视照相来检查乘客和行李一样，我们也可以用 X 射线透视照相技术来获得壳层飞行轨迹和壳层表面形貌。X 射线透视照相属于主动式诊断，需要一个探针光源或背光源，我们也常称它为背光照相。

此外，在壳层的减速飞行阶段，甚至到内爆后期的阻滞阶段，热斑区域因温度升高还会发射很强的 X 射线。因而我们也可以用被动式的自发光成像技术来观测这个阶段的热斑。

靶丸壳层厚度通常只有百微米，被压缩后直径甚至不足百微米大小。壳层表面不稳定性扰动的尺度就更小。而减速和阻滞时间只有短短的几百皮秒。在这个空间和时间尺度内，不管是用背光照相技术来观测壳层内界面的形貌，还是用自发光成像技术来观测热斑的形貌，都是极具挑战的工作，都需要依靠具有极高时间分辨和空间分辨的成像系统。

1. 球面弯晶成像系统

球面弯晶成像系统常用于壳层飞行轨迹和壳层表面不稳定性扰动增长的观测。球面弯晶成像基于晶体的衍射原理。晶体内部的晶格结构会使X射线发生衍射，在特定的方向上会形成衍射增强。在反射方向上，这种衍射增强满足布拉格衍射定律，这和光在镜子上发生反射很相似。基于这种原理，将晶体压弯成球形，就能像球面镜一样，对入射的X射线进行聚焦，从而达到成像效果。相比于传统的针孔成像方式，采用球面弯晶背光成像设计，能够获得3~7 μm的空间分辨，集光效率比针孔成像方式高约2个量级。更重要的是，由于晶体的衍射效果，会将反射的X射线单色化，从而获得单能的样品背光图像。弯晶成像系统组成如图7-5所示。

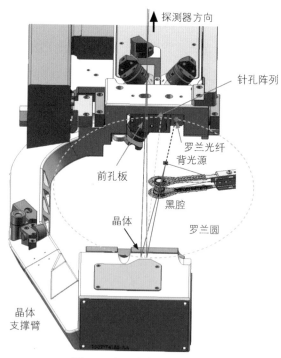

图 7-5 弯晶成像系统示意图

2. KB 显微镜

KB显微镜基于掠射反射原理，即X射线在掠入射的情况下从抛光的表面反射时，反射率较高，甚至会发生全反射。KB显微镜由两块球面镜（或者其他二次曲面镜）构成，两块镜子的光轴接近垂直，如图7-6所示。这样的双镜结构设计可以消除掠入射情况下单曲面镜所固有的像散问题。

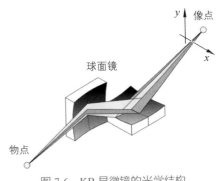

图 7-6　KB 显微镜的光学结构

KB显微镜的主要特点是空间分辨高（<5 μm）、视场范围小，特别适合用于对热斑进行成像。如果将多组KB显微镜并联排布，进行多通道测量，还可以实现时间分辨的热斑演化过程观测。

7.2.3　压缩后期阻滞阶段

根据劳森判据，实现聚变点火的条件是聚变燃料达到很高的温度和密度。内爆阻滞阶段是内爆压缩的最终阶段，对应的内爆靶丸状态是燃料加热和压缩的最终状态。因而，我们可以用内爆阻滞阶段的燃料状态与劳森判据要求的状态相比较，以判断内爆的性能。

在内爆阻滞阶段，内爆燃料分成明显的两层结构：高温、低密度的热斑被低温、高密度的壳层包裹。在热斑内，D、T和^{3}He核之间发生剧烈的核聚变反应，释放大量的中子、伽马射线和带电粒子等聚变产物。聚变产物的数目（产额）、能量分布（能谱）、时间分布和空间分布等信息跟热斑和壳层的等离子体状态密切相关。因而依靠核产物来诊断等离子体状态的方法，即核诊断，可以在该阶段大展拳脚。利用核诊断我们不仅可以获得聚变产额、热斑区离子温度、壳层面密度等燃料的总体状态，还能够得到聚变反应历程、热斑和冷燃料层图像、时变离子温度等燃料状态的时空分布信息。核诊断所提供的信息是整个内爆物理过程的一个综合效果的体现，是体现激光聚变点火研究进展最直接的证据。

1. 中子活化

中子产额是聚变反应强度的最直接和最重要表征数据，中子活化方法是测量中子产额的主要手段。中子活化的原理是利用特定核素与准单能的聚变中子发生核反应产生放射性的活化核，由活化核的数目即可反推中子的产额。例如，^{115}In与中子发生俘获反应 $^{115}_{49}$In $+$ n $\rightarrow$ $^{115m}_{49}$In $+$ n$'$，反应生成的$^{115m}_{49}$In处于亚稳态，通过释放能量为336.2 keV的伽马射线回到基态。对336.2 keV的伽马射线强度进行测量即可得到活化核数，反推可得到DT反应的中子产额。活化样品的选择依赖于中子能量、活化反应截面和活化核的半衰期等。通常我们用铜活化测量DT聚变中子产额，用铟活化测量DD聚变中子产额。

2. 中子聚变历程

中子聚变历程，即聚变中子强度随时间变化的曲线，代表了聚变发生和发展的时间历程。中子聚变历程测量系统的主要原理是中子照射闪烁体使其发光，闪烁体的发光通过传光系统传输至光学条纹相机记录。由于典型的聚变持续时间为100～200 ps，因而要求所使用的闪烁体必须具备超快的时间响应特性。

3. 伽马聚变历程

伽马聚变历程指氘氚聚变产生的16.7 MeV伽马射线强度随时间变化的曲线。相比中子聚变历程，伽马聚变历程的优点是测量结果不受光子飞行时间的影响；缺点是使用条件受限，它只能在聚变产额很高时使用。紧凑型伽马聚变历程测量系统（CGRH）是目前最理想的伽马聚变历程诊断手段。CGRH的主要原理是先利用转换体（例如铍片）将伽马射线转化成电子，再利用辐射介质气体（例如CO_2）将电子转换成契仑柯夫可见光，收集可见光即可反推入射伽马射线的强度。

4. 聚变中子飞行时间谱

聚变中子能谱包含了丰富的燃料状态信息，通过测量中子的能谱可以诊断燃料的很多状态参量。例如，由14.1 MeV中子能量峰的多普勒展宽，可得热斑的离子温度；由散射中子的份额，可得燃料的面密度。由于激光聚变中子具有单脉冲特性，因而可以用中子飞行时间谱仪（nTOF）来实现能谱测量。顾名思义，nTOF的原理是利用飞行时间t_n与中子速度v_n之间的反比关系$t_n=d/v_n$（d为nTOF与中子源的距离），以及中子能量与中子速度之间的关系$E_n=m_n v_n^2/2$，将中子能谱测量转化为中子飞行时间谱的测量。

nTOF的核心单元是电流型的中子探测器，它的功能是将随时间强弱变化的中子信号转换成时变的电流信号。一种应用比较成熟的这类探测器是塑料闪烁体探测器。当中子穿过塑料闪烁体时，会激发闪烁体发出荧光，荧光经光电倍增管收集和倍增后，转换为电流信号，利用示波器即可记录。分析示波器上的电流信号就能得到中子飞行时间谱，进而得到中子能谱。图7-7为nTOF原理示意图。

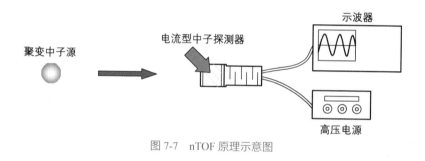

图 7-7　nTOF 原理示意图

5. 磁反冲聚变中子能谱仪

另外一种测量聚变中子能谱的重要手段是磁反冲中子谱仪（MRS）。MRS的原理（图7-8）是首先以聚乙烯薄膜作为转换体，利用中子与聚乙烯薄膜中的氢原子发生散射反应"撞"出质子（反冲质子），将不带电中子的能谱测量问题转换为带电质子的能谱测量问题。然后通过磁谱仪测量质子能谱。磁谱仪的原理是用磁场来实现色散，即在磁场作用下，不同能量的质子偏转位置不同。最后由反冲质子的能谱就可以推算出中子能谱。

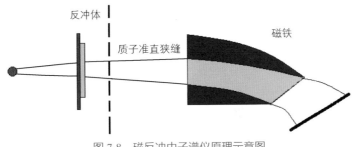

图 7-8　磁反冲中子谱仪原理示意图

6. 高分辨中子成像系统

　　热斑和壳层的形状直接反映热核燃烧对称性的好坏，是理解点火成败的关键物理量。中子成像系统（NIS）是获取热斑和壳层形状的可靠手段。热斑中氘氚聚变反应释放的14.1 MeV中子，绝大部分会直接穿过壳层（直穿中子），小部分会与壳层中的原子核发生散射损失部分能量后再穿出（散射中子）。利用直穿中子与散射中子能量之间的差异性，可以分别对直穿中子和散射中子进行成像。直穿中子图像和散射中子图像分别反映的是热斑形状和壳层形状。另外，如果像医学CT那样，利用多套NIS从不同的方向采集得到多幅二维图像，就能够通过计算机模拟重建得到热斑和壳层的三维图像。

　　中子成像技术的基本原理是编码成像，即中子源穿过编码孔形成编码像（编码），编码像经过图像反演得到源的强度分布（解码），如图7-9所示。编码孔既可以是针孔，也可以是半影孔，前者对应针孔成像技术，后者对应半影成像技术。针孔成像技术空间分辨率较高，适用于聚变中子产额较高（$>10^{15}$）的情形；而半影成像技术牺牲了一定的空间分辨率，适用于产额较低（$<10^{13}$）的情形。此外，为了便于

瞄准，同时提高信噪比，一般编码组件采用多类型多孔阵列结构。

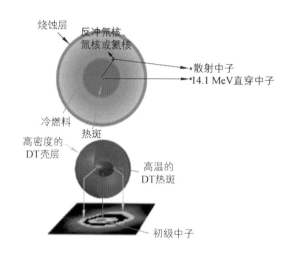

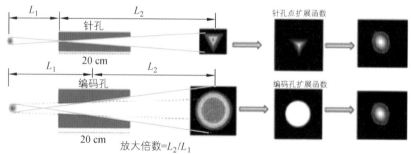

图 7-9　NIS 原理示意图

聚变中子具有很强的穿透能力，即使在重金属（例如钽、金和钨）中，14.1 MeV中子平均自由程也在3 cm左右。为了提高成像质量，必须采用较厚（约20 cm）的重金属材料，这对精密加工、装配提出了很高的要求。综合考虑成像质量和加工难度，一般针孔构型选用三角锥孔，半影孔构型选用双圆锥孔。

7. 聚变质子能谱

由于DT燃料中的T价格昂贵，且具有放射性，在非点火实验中，常以DD燃料或者D-³He燃料来开展低成本、低辐射污染的替代物理实验。这两类实验中都会有平均能量约15 MeV的D-³He核反应质子产生。质子在穿过热斑和壳层的过程，会因库仑碰撞等物理过程损失能量，如图7-10所示。质子能量的损失量是诊断内爆阻滞阶段靶丸总面密度的理想途径。

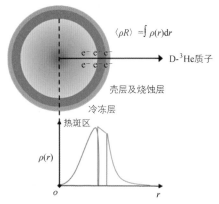

图 7-10 热斑发射质子能量损失过程示意图

楔形滤片质子谱仪（WRF）是测量D-³He核反应质子能谱的主要手段。WRF的基本原理是利用楔形滤片与

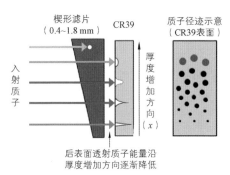

图 7-11 基于 CR39 探测器的 WRF 质子谱仪工作原理示意图

CR39探测器的组合来实现色散，如图7-11所示。当一定能量的质子穿过楔形滤片，沿着滤片厚度增加的方向，透射质子能量逐渐降低。当滤片的厚度超过质子的射程以后，质子无法穿透。透射质子会在CR39上形成径迹，能量越高径迹尺寸越小。尺寸很小的径迹难以准确分

辨，可以直接被筛除，因而仅有滤片中部适当滤片厚度部分的透射质子会被记录。不同入射能量的质子，被记录的位置是不同的。根据记录的质子位置分布，结合可靠的解谱程序，即可重建得到入射质子能谱。WRF质子谱仪具有结构简单、对伽马射线等辐射不敏感等优点。

7.3 应用实例

当前国际上激光聚变研究的热点问题是如何在实验室演示聚变点火燃烧，即让聚变放能大于输入的激光能量，以求实现能量增益。为达成这一目标，科学家们先后提出了若干设计方案，例如美国LLNL曾经提出"低脚"（Low-Foot）激光波形。然而，NIF上的实验发现流体力学不稳定性的存在导致"低脚"内爆能达到的热斑温度和中子产额明显低于理论预期。为此，科学家们又提出了对流体力学不稳定性更不敏感的"高脚"激光波形。图7-12是美国NIF上设计的"低脚"和"高脚"激光波形图。本节我们将把"高脚"系列实验作为"舞台"，通过呈现前面两节介绍的若干诊断技术在"高脚"系列实验中扮演的角色，以求管中窥豹，展示诊断技术对于激光聚变研究的作用。

"高脚"系列实验的前两发N121023和N121102是"Keyhole"实验，旨在通过调整激光波形获得满足理论要求的冲击波速度历程。获取冲击波速度历程的诊断设备是VISAR。科学家们在N121023发实验后查看冲击波速度历程发现，第一个冲击波速度只有22 km/s，低于理论设计要求的28 km/s。因而及时调整激光波形，在N121102发实验中获得了预期的冲击波速度，如图7-13所示。

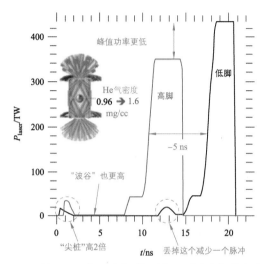

图 7-12　美国 NIF 上设计的"低脚"和"高脚"激光波形

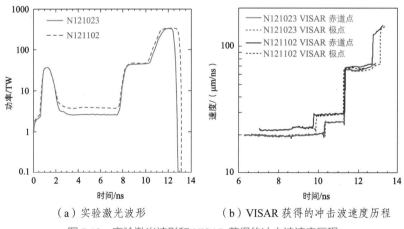

（a）实验激光波形　　　　　（b）VISAR 获得的冲击波速度历程

图 7-13　实验激光波形和 VISAR 获得的冲击波速度历程

紧跟着的两发N121130和N130108是"Symcaps"实验,旨在调控热斑的对称性。获取热斑对称性的诊断技术是时间积分的X射线自发射成像。N121130发黑腔氦气气压如前两发"Keyhole"一样,都是1.45 mg/cc,而N130108发之后所有"高脚"实验的氦气气压升高为1.6 mg/cc。从实验结果来看,氦气气压升高以后,赤道方向观测的热斑对称性变差了,如图7-14所示。

接下来的两发N130122和N130214又是"Keyhole"实验,旨在验证氦气气压变更为1.6 mg/cc后的冲击波速度历程。为了抑制N130122发通过硬X射线成像技术观测到的、来自激光注入孔窗口的较强的超

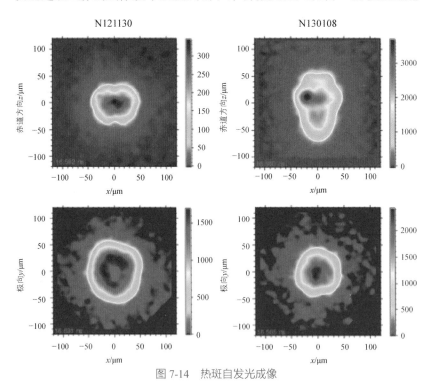

图 7-14 热斑自发光成像

热电子，N130214发对激光波形还进行了微调，如图7-15所示。从VISAR结果来看，这样的调节影响了极区和赤道驱动的对称性。

后面的一发N130303是"2DConA"实验，旨在观测最大压缩时刻的烧蚀层形状。获取烧蚀层形状的诊断技术

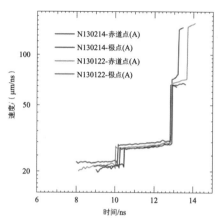

图 7-15　VISAR 获得的冲击波速度历程

是时间分辨的X射线背光照相，使用的诊断设备是X射线分幅相机。对比"低脚"内爆实验结果发现，"低脚"背光图像中出现的两个环状结构（靶丸110 nm夹持膜造成的流体不稳定性扰动）消失了，说明"高脚"内爆中流体力学不稳定性得到了有效抑制，如图7-16所示。

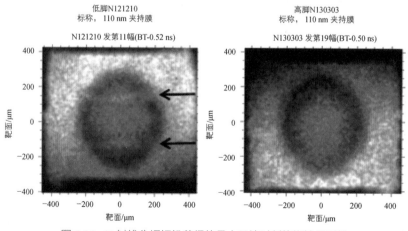

图 7-16　X 射线分幅相机获得的最大压缩时刻的烧蚀层形状

后续的一发N130409是"1DConA"实验，旨在观测内爆"流线"，即获取烧蚀层随时间的定量变化情况。获取内爆流线的诊断设备是X射线条纹相机。分析实验结果发现，由条纹相机图像数据得到的烧蚀层质心径迹、烧蚀层厚度、烧蚀层质心速率和烧蚀层剩余质量与数值模拟结果吻合，从而验证了数值模拟程序的可靠性，如图7-17所示。

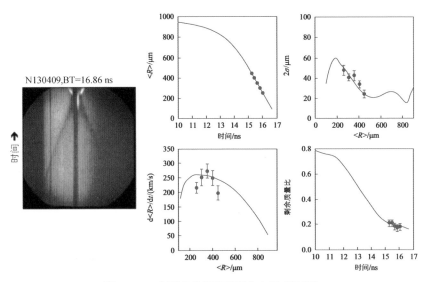

图 7-17　X射线条纹相机获得的内爆"流线"

N130501是第一发的氘氚靶丸内爆实验。由于通过X射线背光照相技术观测到烧蚀层形状存在明显的不对称性，科学家们经理论分析和数值模拟后将黑腔的长度由9.425 mm增加700 μm更改为10.125 mm（"+700腔"）。调整过后，科学家们又重复以上步骤对新的"+700腔"进行了冲击波调速和对称性调控。最后才进行综合的氘氚靶丸内爆实验，通过多种诊断来综合评价不同条件下（激光能量、激光功率和内外环激光波长差）的内爆表现。利用背散射光诊断系统来获取背散射光能量，利用活化、中子飞行谱仪（nTOF）和磁反冲聚变中子能谱仪（MRS）来获取13~15 MeV能谱范围的中子产额$Y_{13\sim15}$，利用nTOF和MRS来获取下散射中子份额$DSR=Y_{10\sim12}/Y_{13\sim15}$，利用nTOF来获取离子温度$T_{ion}$、聚变中子最大发射时刻（bang-time）和燃烧时长τ_n，利用伽马聚变历程诊断来获取燃烧时长τ_x，利用X射线自发射成像和中子成像来获取靶丸形状。从这些实验数据来看，N130812、N130927和N131119发的综合内爆性能最佳，例如中子产额和离子温度更高、下散射中子份额（面密度）更高、对称性更好。

表7-1和图7-18分别给出了"高脚"系列实验的核诊断结果和图像。

表 7-1　"高脚"氘氚靶丸内爆实验核诊断结果

物理量	N131119	N130927	N130812	N130802	N130710	N130530	N130501
NIF 功率 /TW	425	390	355	430	430	430	351
NIF 能量 /MJ	1.88	1.82	1.69	1.48	1.47	1.45	1.27
$(\Delta\lambda_{23.5}/\Delta\lambda_{30})$ / Å	9.5/8.8	9.2/8.5	8.5/7.3	9.4/8.4	8.5/7.3	8.5/7.3	8.5/7.3
背散射光 /kJ	242.76	192.11	245.06	193.83	186.36	197.84	—
$Y_{13\sim15}/(\times10^{15})$	5.2 ± 0.097	4.4 ± 0.11	2.4 ± 0.048	0.48 ± 0.012	1.05 ± 0.02	0.58 ± 0.012	0.77 ± 0.016
T_{ion}/keV（DT）	5.0 ± 0.2	4.63 ± 0.11	4.26 ± 0.1	3.2 ± 0.4	3.49 ± 0.13	3.26 ± 0.13	3.02 ± 0.13
T_{ion}/keV（DD）	4.3 ± 0.2	3.77 ± 0.2	3.7 ± 0.3	3.0 ± 0.3	3.2 ± 0.2	2.9 ± 0.3	2.2 ± 0.2

物理量	N131119	N130927	N130812	N130802	N130710	N130530	N130501
$DSR/\%$	4.0 ± 0.4	3.85 ± 0.41	4.13 ± 0.3	2.7 ± 0.5	3.3 ± 0.2	2.7 ± 0.19	2.9 ± 0.14
聚变中子最大发射时刻 /ns	16.41 ± 0.03	16.59 ± 0.03	16.753 ± 0.03	16.86 ± 0.03	16.49 ± 0.03	16.66 ± 0.03	16.76 ± 0.03
τ_x/Ps	152.0 ± 33	161.0 ± 34	160 ± 10	200.95 ± 10	156 ± 60	270 ± 15	225 ± 12
τ_n/Ps	156.0 ± 30	188.0 ± 30	156 ± 30	216 ± 40	180 ± 40	215 ± 40	172 ± 40

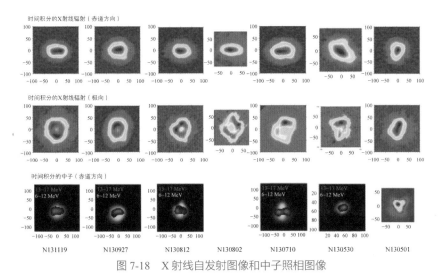

图 7-18　X 射线自发射图像和中子照相图像

从以上"高脚"系列实验的迭代和优化过程可以看到，科学家们利用各种各样的诊断技术去全方位地监控和检查实验的状况，以对实验的"健康状况"做出判断。如果发现实验存在"健康"问题，就结合理论分析和数值模拟，及时调整方案进行"治疗"，再通过实验来对"治疗"后的情况进行验证。在诊断这个"体检医生"的帮助下，科学家们经过反复迭代和优化调整，最终取得了预期的实验效果。

7.4 结语与展望

激光聚变需要通过精巧的科学设计和精密的工程实施，才能精准地将超过三个足球场大小的激光器上产生的、总能量达百万焦耳的上百路激光，在空间和时间上进行能量压缩，然后在毫米到数十微米的空间尺度上，在纳秒到皮秒的时间尺度内，将激光能量转化为巨大的聚变能量。激光聚变物理过程发生在高能量密度的极端条件下，是人类向未知领域的前沿科学探索。黑腔和内爆的各个环节实际发生了什么物理过程？当非理想工程因素不可避免时，聚变能量释放偏离科学家的预期有多远？是不是还有什么重要的科学或工程因素还没考虑到？这些问题都需要由多学科测量方法组成的体系化精密诊断系统来回答。正如大飞机翱翔试飞时需要机舱内密密麻麻的诊断系统测试各项飞行状态参数，高铁动车组驰骋试车时需要一辆全方位安装传感器的黄皮诊断动车进行全场景运行状态诊断测试一样，激光聚变实验需要一套体系完备的精密诊断系统作为"体检医生"，在全时间过程、全空间尺度上对激光聚变物理过程的实际状态进行从可见光到X射线再到核粒子的高时间分辨、高空间分辨和高能谱分辨的诊断表征，让我们能够观察到激光聚变过程中到底发生了什么新奇现象、究竟是什么因素影响了点火成败、采取什么措施才能释放更多聚变能量等等。

激光聚变诊断不仅是"体检医生"，还是"全科医生"。它涉及的学科包含等离子体物理学、光学、X射线谱学、X射线成像学、核物理与核探测技术、光电子学、精密机械与自动化、电子工程学以及人工智能等。目前，绝大部分理工科专业的研究人员都能从中找到施展才华的"用武之地"。激光聚变诊断是交叉科学的天然熔炉，每一项诊断技术、每一台诊断设备都需要研究人员熟练掌握多个学科领域的专业知识，是研究人员扩充知识体系和拓展研究视野的理想平台。例如，背向散射光诊断系统需要研究人员在具备光学专业知识储备的基础上积极拓展等离子体物理和机械设计等方面的能力，才能将这套系统与驱动器完美耦合并满足实验需求。

激光聚变诊断学是一项不断挑战极限和超越自我的高科技科学与工程研究领域。激光聚变诊断学一直在空间分辨、时间分辨、能谱分辨等方面不断刷新纪录。X射线高分辨成像，从针孔成像的10 μm分辨，到掠入射显微成像的5 μm分辨，目前正朝着3 μm分辨以及亚微米分辨不断冲刺。时间分辨则从1 ns分辨到100 ps分辨再到10 ps分辨一路前进，并正在向皮秒甚至飞秒分辨诊断去突破诊断极限。"更高、更快、更准"一直是激光聚变诊断学的未来发展方向。激光聚变诊断同时还在持续推动工程技术革新，"集成化、自动化、智能化"是现今大型激光聚变装置上诊断工程技术发展的主旋律。美国NIF近几年在聚变靶室内建立了类似GPS的诊断系统自动定位与瞄准系统，并用希腊神话中的大力神（Atlas）命名，用以彰显诊断自动瞄准技术的革新换代。同时，近几年机器深度学习、人工智能等新技术正以势如破竹之势推动激光聚变诊断技术的革命性发展。美国NIF靶场曾作为好莱坞科幻电影《星际迷航：暗黑无界》的主要取景地，相信未来激光聚变诊断学的发展会将科幻影像中的神奇技术逐一转化为现实。

激光聚变诊断学，是激光聚变实验物理过程的"体检医生"，是在高能量密度物理极端条件下开启人类未知领域科学大门的钥匙，是多学科交叉研究和体系化能力发展的高科技研究平台，是不断追求极限和突破极限的前沿科学与工程技术可持续研究领域。

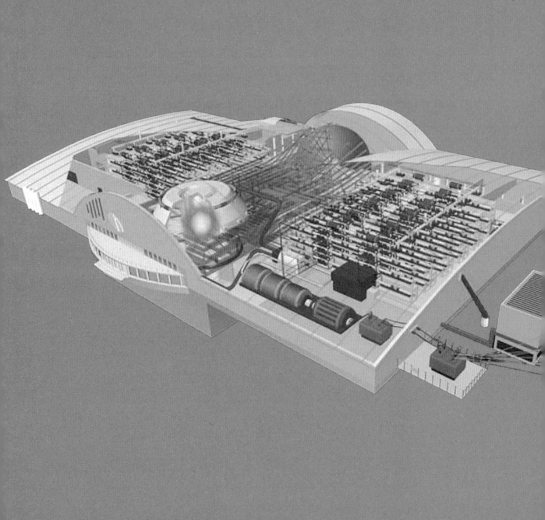

第 8 章

聚变电站
——实现人类能源自由之路

- 为何说聚变能源是终极能源
- ITER 进展简介
- 脉冲功率（Z箍缩）聚变能源研究
- 激光聚变能源研究
- 激光聚变能源研究的未来

聚变能源，在目前人类认知范围内，是地球上唯一有希望使人类获得能源自由的能源，可称之为终极能源。要使聚变能源成为现实，最关键的第一步是在实验室实现聚变点火。尽管目前实验室点火尚未获得成功，包括磁约束聚变和激光聚变，但科学家们一直都在研究点火成功以后聚变电站该怎么设计、面临的科学技术难题如何解决，甚至对未来的聚变电站如何建设才能更加具有经济效益等工程问题都进行了广泛而深入的研究，以便一旦实验室点火成功就可以立即开展聚变电站的工程设计、试验和建设工作。

8.1 为何说聚变能源是终极能源

自18世纪工业革命以来，随着科学技术进步和社会工业化程度的不断提高，人们在充分享受科技、经济进步成果所带来的生活便利与物质富足的同时，不得不面对越来越严重的能源短缺问题。我们从大量关于人类面临的能源问题的文章和报告中，可以得出具有普遍性的几点结论：

（1）能源是人类文明延续与发展的先决条件，是世界发展和经济增长最基本的动力。人类社会的一切生产活动都离不开能源，人类所消耗的一切产品归根结底都是对能源的同步消耗。

（2）人口数量的不断增长，生活水平的持续提高，都意味着对能源消耗需求的增加。对世界上的任何一个国家来讲，能源安全与可持续性发展直接影响一个国家的安全发展和现代化进程。

（3）全世界大规模使用的化石能源（煤炭、石油、天然气等）都是亿万年以前埋藏在泥沙中的远古生物遗体在高压、高温下经细菌分解作用后缓慢形成的，它们都是不可再生能源。到目前为止，人类已经用掉了地球上几乎一半的化石能源。按照目前人类对化石能源的需求来推算，到24世纪中叶，也就是短短几百年后，这种化石能源就会被人类消耗殆尽。我国的情况则更为严重，因为我国能源结构长期以煤炭为主，缺油、少气，而且经济发展快使得能源消耗增长更快，这凸显出我国能源安全的严重性。

（4）人类还面临着基于化石能源所带来的空气污染和全球变暖的严峻挑战。世界最严重的大气污染就来自化石燃料（特别是煤炭）燃烧过程中释放在大气中的二氧化碳、硫氧化物、氮氧化物、颗粒物/气溶胶。这种空气污染带来两大恶果：一是严重影响人类健康；二是温室气体（最主要是二氧化碳）浓度持续增长将使得全球平均气温继续加速上升，导致冰川融化、海平面上升、自然灾害频发、酸雨等一系列严重环境问题。

（5）光伏、风电、潮汐能、水电等可再生能源作为一种缓解地区经济发展与环境保护矛盾的新兴能源形式，在保障能源安全、减少温室气体排放方面做出了重要贡献。然而，从能量的功率平衡角度来说，太阳能、风能等增长较快的可再生能源发电形式，存在随机性、波动性、间歇性的特点，且从电量平衡角度考虑，新能源的年利用小时数普遍偏低。虽然人们正在积极发展储能技术（电容/电池储能、抽水储能、储热/储冷、压缩空气储能、飞轮储能等）尝试解决这些问题，但面对我国数千兆瓦时的储能需求，目前的储能技术还存在着储能量太小、技术尚不成熟、使用条件苛刻、成本相对过高等问题。水电是目前技术最成熟且可大规模开发的清洁能源，但水电发展受国家总水电蕴藏量限制，电力输出易受天气影响。水电厂建设规模受地形制约，单机容量为300 MW左右，建厂后不容易扩容，且需筑坝移民，建设成本巨大。此外，筑坝会淹没上游大片土地，将引起坝区地表生态变化，改变河流水文规律，阻断上下游水生生态系统，从而对当地生态多样性造成不可逆的破坏。

（6）裂变能源，即传统的核能，其技术水平和安全性在不断进步，是应对人类能源需求的一个很重要途径，处于快速发展期。裂变能源的优点和缺点都十分明显。其优点是：规模化的裂变电能的经济性可以和煤电竞争；核裂变电站在运行过程中不会排放二氧化碳等温室气体，也不会排放硫氧化物、氮氧化物，在全产业链其他环节（铀矿开发、转化、铀浓缩、电站建设、后处理、电站退役等）碳排放及污染物排放与水电和风电相当，属于低碳能源。其缺点是：地球上可供利用的裂变燃料有限，研究表明全球已探明的铀资源可供人类使用约1400年，在可见的未来必将耗尽；裂变能源存在着令人担忧的安全性、核废料处理、核扩散及恐怖分子活动等问题，1986年6月26日苏联发生的切尔诺贝利核电站反应堆破裂爆炸事故和2011年3月11日日本福岛核电站因大地震引发的海啸造成极为严重核泄漏的惨痛代价历历在目，特别是近期日本政府做出的将把福岛第一核电站核废水倒入大海的决定，必将对全球海洋造成不可忽视的污染，影响人类未来安全。

为了实现人类文明恒久发展的愿景，人类必须找到一种低碳环保、固有安全性高、资源储量又极为丰富的终极能源。从目前看来，只有聚变能源才有可能成为这样一种终极能源，彻底解决人类能源困境。这是因为，与其他种类的能源形式相比，聚变能源具有以下得天独厚的优势：

（1）聚变能的能量密度极高。就单位质量而言，核聚变反应释放的能量要比核裂变反应所释放的能量大得多。一个发电量为 1×10^6 kW 的核裂变发电厂，每年需要约 30 t 的二氧化铀作燃料，而对于核聚变发电厂来说，则仅需 600 kg 热核燃料。

（2）聚变燃料资源丰富。核聚变燃料之一的氘（D）广泛分布在海水之中，而且提炼也比较容易。1 kg 海水中含 0.034 g 氘，若利用 DD 反应将这些氘全部聚变可产生 1.18×10^{11} J 能量，相当于燃烧 300 L 汽油产生的能量。如果我们未来能建成一座 1000 MW 的核聚变电站，每年只需要从海水中提取 304 kg 的氘就可以产生相应的电能。据估计，地球上的海水中氘含量约为 4×10^{13} t，可供人类能源需求数十亿年。由于太阳的剩余寿命也就约 50 亿年，到那时人类如不能移居其他宜居星球将不可避免地彻底消失，因此 DD 聚变能源在理论上可称之为终极能源。如果以氘氚（DT）为燃料（氚在自然界中不存在，可由中子辐照锂元素来生产），虽然锂在地球上的储量有限，但即便是这样，氘氚聚变能也可供人类使用 3000 万年。

（3）聚变能是内在安全的能源。核聚变反应的阈值很高，燃烧等离子体在出现任何运行故障时都将迅速冷却，从而聚变反应立即自动停止。这意味着核聚变反应堆本身具有内在的安全性，绝不可能发生裂变电站那样的灾难。

（4）聚变能源是相对清洁和环境友好的能源。核聚变电站不产生化石燃料电站所释放的温室气体和其他环境污染物，也没有裂变电站产生的难以处理的裂变产物。虽然氚是具有放射性的，但它的半衰期很短（12.5年），而且在聚变堆中可以很快再循环、燃烧。

因此，聚变能源是目前认识到的、最终解决人类能源问题的最优途径，研究核聚变、开发聚变能源具有极其重大的科学意义和战略意义。

目前，人们主要在研究两种实现聚变能源的途径：磁约束聚变能源（MFE）和惯性约束聚变能源（IFE）。这两种途径虽然都以实现氘氚聚变能的和平应用为目的，但在实现氘氚等离子体的点火燃烧及将这种燃烧维持下去的科学原理及工程技术手段上有着重大差别，甚至可以说是物理上的两个极端。磁约束聚变试图将低密度的高温等离子体约束相对长的时间，是一条低密度长时间燃烧的途径。下一节，我们将对用于聚变能源研究的、当今最大最先进的装置——国际热核聚变实验堆做一简要介绍。而惯性约束聚变要在非常短的时间获得极高的等离子体密度，是一条极高密度极短时间燃烧的途径。惯性约束聚变因驱动器不同而分为：激光驱动、脉冲功率（Z箍缩）驱动和重离子束驱动的惯性约束聚变。其中，重离子束聚变原理和方法与激光聚变基本一样，但其难度和耗资最大，这里就不做更多的介绍。Z箍缩聚变能源研究在近期发展中使用了高功率激光来加热聚变燃料，我们将给予简要介绍。本章的重点是详细介绍激光聚变能源研究。

8.2　ITER 进展简介

如第1章所述，磁约束聚变最早起始于20世纪50年代普林斯顿大学物理学教授斯皮策"用磁场方式来约束等离子体产生聚变"的思想。此后，为解决对聚变产生致命影响的、磁场中的等离子体具有的各种不稳定性问题，先后设计制造了各种各样的磁约束聚变装置，如磁镜、仿星器、或许器、托卡马克等。研究表明，在这些众多的磁约束聚变实验装置中，最有希望实现聚变的是托卡马克装置，特别是超导托卡马克。

托卡马克是苏联科学家于20世纪50年代发明的环形磁约束受控核聚变实验装置。经过近半个世纪的努力，在托卡马克上产生聚变能的科学可行性已被证实，但相关结果都是以短脉冲形式产生的，与实际反应堆的连续运行有较大距离。将超导技术成功地应用于产生托卡马克强磁场的线圈上，是受控热核聚变能研究的一个重大突破。超导托卡马克使磁约束位形能连续稳态运行，是公认的探索和解决未来聚变反应堆工程及物理问题的最有效的途径。

当前在建的、全球有史以来最大的、与聚变能源直接相关的磁约束聚变研究项目叫作"国际热核聚变实验堆计划（ITER）"。ITER装置就是一个有可能产生大规模核聚变反应的超导托卡马克装置。

ITER计划倡议于1985年由苏联领导人戈尔巴乔夫和美国总统里根在日内瓦会议上提出，是冷战结束的标志性行动之一。ITER研究设计工作开始于1988年，2001年完成工程设计。经过5年谈判，2006年5月，欧盟、中国、日本、俄罗斯、美国、韩国和印度七方正式签订了联合建造ITER的协议，标志着ITER正式开始建造。ITER项目是人类历史上最复杂的科学装置之一，它位于法国南部马赛附近的卡达拉舍（Cadarache）。ITER重达2.3×10^4 t，数以百万计的部件用于组装这个巨型反应堆，将用到近3000 t的超导磁体，由200 km长的超导电缆连接，这些电缆由世界上最大的低温装置保持在-269 ℃。

ITER建设项目计划经费50亿美元，历时35年，其中建设阶段10年、运行和开发利用阶段20年、去活化阶段5年。2020年7月在法国南部的ITER总部举行了重大工程安装启动仪式，预计将在2025年底产生第一个超高温等离子体。ITER项目虽然一直在稳步推进，但实际上由于建设难度超乎预期，进度严重滞后，建设阶段还远未结束，ITER建设经费也大幅度增加，据报道将耗资200亿欧元（约合人民币1582亿元）。图8-1是ITER结构示意图，图8-2是在建的ITER装置照片，图8-3是ITER重大工程装置安装启动仪式照片。

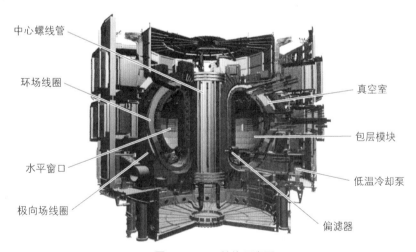

图 8-1　ITER 结构示意图

图 8-2　在建的 ITER 装置

图 8-3　ITER 重大工程装置的安装启动仪式（2020 年 7 月 28 日）

ITER的科学目标分为两个阶段：

第一阶段：通过感应驱动获得聚变功率500 MW、Q（聚变功率/加热功率，即增益）大于10、脉冲时间500 s的燃烧等离子体；通过非感应驱动等离子体电流，产生聚变功率大于350 MW、Q大于5、燃烧时间持续3000 s的等离子体，研究燃烧等离子体的稳态运行。

第二阶段：如果约束条件允许，将探索Q大于30的稳态临界点火的燃烧等离子体。

ITER项目是一个研究性的聚变反应实验堆，它的主要目的是验证大规模磁约束核聚变的概念，证明核聚变发电可以实现商业应用的规模，而不是为未来的商业反应堆提供设计，但它确实是磁约束核聚变走向实用的关键一步。我们可以想象，ITER成功以后，可以通过建立和维持氘氚燃烧等离子体来检验和实现各种聚变技术的集成，并进一步研究和发展能直接用于商业聚变堆的相关技术，再经过示范堆、原型堆核聚变电站阶段，就有可能在本世纪中叶实现聚变能商业化。

当然，这是比较理想的状态，现实情况并不能令人乐观。随着ITER建设周期一再推后和曾经信心满满的美国重大激光聚变研究项目——NIF点火无法如期实现得失相当的预期，再次表明可控核聚变的科学技术难度远超人们预想，建成以后的ITER能否实现其聚变目标也只能拭目以待。

8.3　脉冲功率（Z箍缩）聚变能源研究

在第1章，我们已对Z箍缩聚变的基本原理、实现方法及研究历程做了介绍。Z箍缩聚变研究在20世纪50年代末有过辉煌时光，但随后发现磁流体不稳定性使得平衡难以维持，形成的等离子体密度低、保持时间短，离聚变点火劳森判据要求相去甚远，前景并不被看好。然而，随着20世纪70年代人们发现快过程Z箍缩对磁瑞利-泰勒不稳定性有明显致稳作用，以及20世纪80年代因脉冲技术飞速发展首次出现了适合Z箍缩使用的多模块驱动源，使得驱动器输出功率水平达到了几十甚至几百太瓦，于是许多国家又纷纷建造了开展聚变研究的Z箍缩研究装置，例如：美国的Z/ZR（3 MJ/350 TW）、Double Eagle（3 MA，8 TW）和Satum（11.5 MA，25 TW），俄罗斯的Angara-5-1（4.5 MA，6 TW），英国的Magpie（1 MA，2 TW）等，形成如今进行Z箍缩聚变能研究的主要实验装置。其中，驱动能力最强、最有代表性的要属美国的ZR装置（图8-4）。它采用微秒级Marx发生器，经水介质电容储能多级脉冲压缩，产生前沿约100 ns的高功率脉冲，再多路并联，实现电磁能在空间上和时间上的压缩和功率放大，最终输出电流26～30 MA、能量约3 MJ的强电流脉冲。

（a）停机状态　　　　　　　　　　（b）放电瞬间

图8-4　位于美国圣地亚实验室的 ZR 装置

　　美国提出的Z箍缩高产额聚变路线图指出，未来要在实验室实现高产额聚变，驱动源的输出能量至少达到1 GJ，并且具有每分钟至少6次的打靶频率。采用传统路线的ZR装置能量输出效率和运行效率低，不具有重频工作潜力，远不能满足未来聚变能的发展需求。因此，圣地亚实验室正在努力发展一种更高效的脉冲功率驱动源技术，即直线变压器驱动器（LTD，一种新概念大电流高电压感应脉冲加速器），并基于LTD技术研制Z300装置（图8-5）。Z300分3层，共使用2970个LTD模块，输出约2倍于ZR装置的电流、约4倍于ZR装置的功率，可提供温度更高、密度更大的等离子体，以达到聚变点火条件。未来圣地亚实验室还打算建造具有更高功率的800 TW脉冲功率装置T800，以实现高产额聚变。

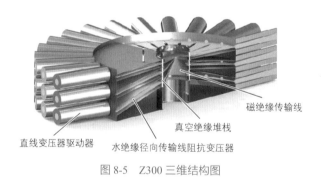

磁绝缘传输线

真空绝缘堆栈

直线变压器驱动器　　水绝缘径向传输线阻抗变压器

图8-5　Z300 三维结构图

　　除了发展新概念驱动技术和规划更强大的驱动源，美国目前正在探索辐射间接驱动、磁直接驱动两种聚变靶型。

1. 黑腔辐射间接驱动聚变

黑腔辐射间接驱动主要是利用Z箍缩内爆产生黑腔辐射场，内爆压缩氘氚燃料球，实现热核点火与燃烧。有两种黑腔构型，即双端黑腔和动态黑腔。

双端黑腔结构如图8-6所示，它的两端是相同的初级Z箍缩黑腔，中间是放置聚变靶丸的次级静态黑腔。靶丸采用与激光间接驱动相同的中心点火靶设计。初级黑腔的辐射源由丝阵等离子体碰撞中心轴的泡沫或其他材料转换体获得，并以回流罩作为黑腔壁；次级黑腔为两端与两个初级黑腔断面相连接的柱形空腔。双端黑腔的概念建立在Z箍缩较高的X射线转化效率基础上，将产生辐射的黑腔（主黑腔）和靶丸内爆的黑腔（副黑腔）空间分离，以牺牲部分X射线功率为代价，从而达到更好的稳定性和辐射均匀性。双端黑腔的辐射波形可以适当调节，黑腔尺寸大，辐照靶丸的辐射对称性高，但它的能量转换效率较低，需要较高的驱动电流才可以实现聚变。

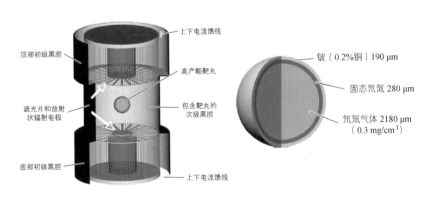

图 8-6　双端黑腔和聚变靶丸结构

Z箍缩动态黑腔是一种更为紧凑高效的黑腔结构（图8-7），它由外围两层同心嵌套的钨丝丝阵负载构成，两极是镀金的电极，它们共同构成了光学厚的黑腔壁。黑腔中心是光学薄的低密度泡沫转换体。当来自驱动器（Z装置）的强电流加载到黑腔时，丝阵消融形成的钨等离子体碰撞泡沫将产生强辐射，辐射压缩放置于泡沫中心的聚变靶丸。与双端黑腔相比，动态黑腔没有初级黑腔辐射输运，黑腔能量转化效率以及能量耦合到靶丸的效率显著增加。但这种黑腔需要解决柱形Z箍缩内爆与靶球对称压缩的耦合问题。

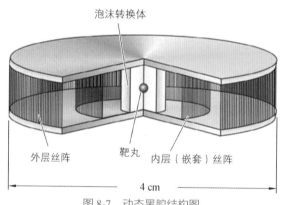

泡沫转换体

外层丝阵　　　　靶丸　　内层（嵌套）丝阵

4 cm

图 8-7　动态黑腔结构图

2. 磁直接驱动聚变

Z箍缩聚变另一种可能的、更高效的技术途径是利用Z箍缩套筒内爆直接压缩燃料实现聚变。美国圣地亚实验室最早于2005年开始探索磁直接驱动聚变技术路线，2010年斯鲁茨（Slutz）等人正式提出磁化套筒惯性聚变（MagLIF）构型。他们指出，柱形内爆径向压缩比球形内爆压缩达到聚变更难于实现，但是燃料的磁化和预热降低了径向压缩的要求，而且可以提高驱动储能与靶吸收能之间的耦合效率，相对于 Z 箍缩间接驱动靶，其吸收效率提高 10~50 倍，可以提高聚变产额，使其成为一条具有吸引力的聚变途径。

MagLIF 过程包括三个主要阶段：燃料磁化、激光加热、内爆压缩（图 8-8）。在 MagLIF 实验中，首先利用外部亥姆霍兹型（Helmholtz）线圈产生 10~50 T 的轴向磁场，对燃料进行初始磁化，最终形成空间均匀的磁轴。接着，激光装置（Z-Beamlet）发出 2~4 kJ 的激光穿过套筒激光入射口上厚 1.5~3.5 μm 的聚酰亚胺窗对燃料进行预热。预热的燃料具有更高的传导率，轴向磁场被冻结（燃料中磁通

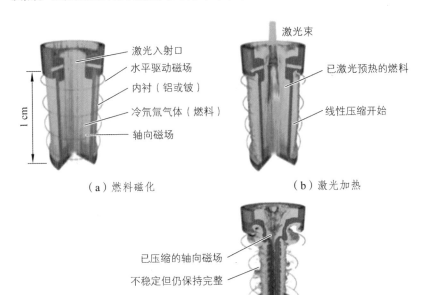

（a）燃料磁化

（b）激光加热

（c）内爆压缩

图 8-8 磁化套筒惯性聚变过程

量增大）在燃料中。最后，Z装置释放的电流沿套筒外表面传输，并在100 ns内上升到近20 MA，随即套筒开始高速内爆使燃料达到高温和高压状态。同时，随着燃料被套筒显著压缩，由于磁通守恒，可以产生约1×10^4 T轴向磁场。极强的轴向磁场一方面对于套筒内爆不稳定性有致稳作用，另一方面可极大地减小电子径向热传导损失，同时增加聚变产生的α粒子能量沉积，有利于获得高增益聚变产额。

磁直接驱动是圣地亚实验室目前开展磁惯性约束聚变研究的主要方式。从2016年起，圣地亚实验室开始了为期5年的集成实验攻关。攻关分为两个阶段：第一阶段实现在Z装置上开展电流22 MA、燃料磁化强度和激光预热能量分别为30 T和6 kJ的MagLIF实验开发能力；第二阶段优化ICF靶性能并获得超过当前中子产额的实验结果，实现100 kJ的氘氚产额。

8.4 激光聚变能源研究

前述激光聚变研究，主要目的在于探索激光聚变点火的过程。对于激光驱动产生可持续聚变反应和最终产生聚变能源的研究，还涉及其他许多方面，研究的主要内容包括：聚变能电站概念设计研究、激光驱动器研究、聚变能源靶研究和聚变堆技术研究等。

8.4.1 激光聚变能源研究计划概述

目前，全世界有许多国家都在积极开展激光聚变能源研究，但真正制定了长远计划并付诸实施的主要有：美国LLNL的激光惯性聚变能源（Laser Inertial Fusion Energy，LIFE）计划与高平均功率激光项目（HAPL）；欧洲的高功率激光能源研究（High Power Laser Energy Research，HiPER）计划。LIFE是实现激光聚变电站的概念研究；HAPL是一个综合研究项目，旨在发展激光聚变能源相关的科学与技术，最初着力于发展固体激光驱动器和KrF激光器，后拓展为所有与聚变能源系统相关部件的研究，包括制靶、靶注入、靶室技术和终端光学元件、氚的加工处理等。

1. 美国 LIFE 计划

美国LIFE计划是LLNL基于Mercury与NIF激光驱动技术以及激光聚变的研究成果，面向美国未来聚变能源开发而开展的激光惯性聚变能源研究项目。LIFE设计概念经历了两个不同版本，分别为聚变-裂变混合堆方案和纯聚变堆方案。

（1）聚变-裂变混合堆方案

聚变-裂变混合堆方案于2008年提出。这种方案的基本原理是：氘氚靶以一定频率注入到靶室中心，它们在高能激光束作用下发生聚变燃烧，释放出聚变能和高能中子（14.1 MeV）；这些高能聚变中子使裂变燃料包层中的主要裂变材料^{238}U（或^{232}Th）发生裂变、中子倍增以及^{238}U向^{239}Pu的转化（或者^{232}Th向^{233}U的转化）。^{238}U、^{239}Pu（或者^{232}Th、^{233}U）的裂变释放大量的裂变能，这些裂变能远高于聚变能，形成显著的能量倍增，这是混合堆实现能量净输出的主因；同时，剩余的中子（聚变或裂变中子）使产氚包层中的Li反应生成氚，用于支持氘氚聚变靶的制造。

混合堆电站由激光驱动器、聚变靶室、裂变和产氚包层、辐射屏蔽层、安全壳、热工发电系统等构成（图8-9）。

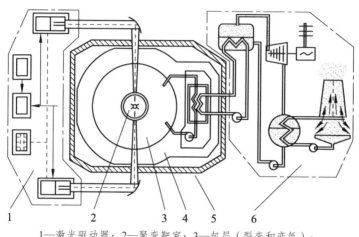

1—激光驱动器；2—聚变靶室；3—包层（裂变和产氚）；
4—辐射屏蔽层；5—安全壳；6—热电厂。

图 8-9　激光驱动混合堆结构示意图

混合堆的最大好处是降低了对聚变增益的高要求，即使聚变增益小于1，也可以通过包层中的^{238}U、^{239}Pu（或者^{232}Th、^{233}U）的裂变获得总体能量增益，进而实现混合堆的能量净输出。该设计还可以燃烧核电站废料，嬗变长寿命放射性元素，降低对环境的污染。但混合堆可生产核武器材料^{239}Pu，有核扩散的风险，故按此设计的电站能否获得政府许可是非常不确定的。此外，相比于快中子增殖堆（简称快堆），混合堆并无经济性优势。快堆是由快中子引起原子核裂变链式反应，并可实现核燃料增殖的核反应堆，能够使铀资源得到充分利用，还能处理热堆核电站生产的长寿命放射性废弃物。快堆与聚变-裂

变混合堆均利用包层实现能量倍增和氚增殖，但快堆利用堆芯的裂变
材料（^{235}U和^{239}Pu）即可产生用于能量倍增和氚增殖的中子，而混合
堆却需要建造大型激光器、靶注入与跟踪系统以及大批量地生产低成
本氘氚靶丸等，技术复杂程度、建设成本和运行成本都很高。

（2）纯聚变堆方案

2011年，LLNL在咨询电力行业之后，将电站设计集中于一个净
电力输出为千兆瓦级的纯聚变电厂，并对未来电厂的混合堆选项保持
开放。此方法充分利用了美国的相关技术优势和先前的投资，可以直
接从NIF跨向可运行的电厂。这就降低了因采用未经证实的物理学、
新材料和新技术而造成的成本、时间延误和科学技术风险。图8-10为
一个纯聚变LIFE电厂厂区的整体布局示意图，其概念设计见图8-11。

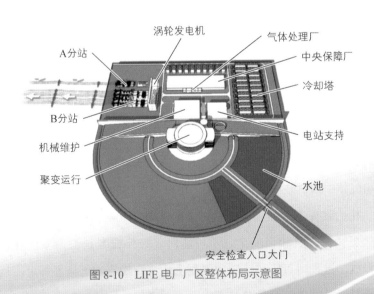

图 8-10　LIFE 电厂厂区整体布局示意图

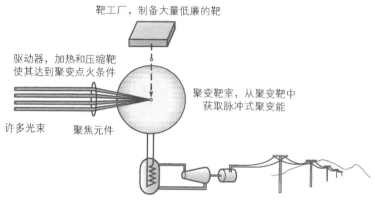

靶工厂，制备大量低廉的靶

驱动器，加热和压缩靶
使其达到聚变点火条件

聚变靶室，从聚变靶中
获取脉冲式聚变能

许多光束　　　聚焦元件

蒸气发电站，将聚变产热转化为电能

图 8-11　LIFE 概念设计图

　　根据上两图及有关资料，我们可以对LIFE电站概念设计给出一个比较明确的描述：LIFE电站包含四个主要部分，即每年能生产 $1 \times 10^7 \sim 1 \times 10^9$ 个直径约为2 mm的、廉价的氘氚燃料靶生产厂，加热和压缩靶并实现点火和聚变燃烧的、重复频率为10~16 Hz的激光驱动器，发生聚变反应和氚增殖的、直径为12 m的靶室，聚变反应加热靶室周围的锂层、将聚变产生的能量转换为电能的蒸汽装置。靶室中充满氙气，保护靶室免受聚变过程中产生的离子和X射线的损伤。产生的高温促使热高效地转化成电。附近的氚室将锂层中产生的氚和靶室排出气体中未燃烧的氚提取出来，用来制作新的聚变靶。

　　相比聚变-裂变混合堆，高增益的纯聚变电站不仅结构相对简单、能效更高，而且相当安全，不可能出现失控或者长寿命放射性核素的释放。退役时仅需移除钢和混凝土建筑，浅层地下掩埋即可。运行停止时，系统中剩余的热量不需要主动冷却，这样，在自然灾害中，工作人员可以直接从电厂撤离即可，不需要担心任何后果。聚变的副产品是氦气，因此也不需要担心废料储存的问题。但在纯聚变堆设计下，考虑到激光器的电-光效率较低，聚变能量增益需要达到相当大的值才有可能实现净功率输出。

LIFE研究团队在进行聚变电站概念设计时，给出了LIFE的商业化阶段规划：LIFE1将生产400 MW电力并尽可能地利用现有的材料和技术，预计在NIF实现点火后10~15年投入运行；LIFE2是一个1 GW的、获得核管理委员会许可的商业电厂，它使用与LIFE1相同的激光器技术，但采用更先进的耐辐射结构材料，预期在本世纪30年代中期运行；LIFE3将充分利用在LIFE2之后改进靶效率、降低聚变靶成本和提高运行温度等方面的技术，设计出更大的电厂。按照LIFE团队的预测，2050年左右，LIFE电厂的发电量将占到美国总发电量的25%。当然，这些阶段计划是在NIF按照预期于2012年实现点火的情况下预计的，目前看来已完全不可能了。但是，如果有一天实现了实验室的激光聚变点火，那么也有可能继续按照所述阶段设置顺延即可，甚至缩短周期也有可能，因为有关激光聚变能源的基础研究和技术开发工作一直在持续进行中。

2. 欧洲 HiPER 计划

HiPER项目是由英国科学技术装置委员会（STFC）牵头发起，总部在卢瑟福·阿普尔顿实验室。HiPER的目标是打开一条以纯聚变方式提供可靠商业应用的激光聚变能源之路，同时也提供一个国际上独特的极端条件科学研究平台。

HiPER将使用一个高功率激光系统作为驱动器，同时包含一套用氘氚燃料靶丸实现受控聚变反应的技术方法，其目的是将聚变燃料的温度和密度提高到足以"点燃"它的高度，引起燃烧波在燃料中传播。这种聚变反应将通过释放活跃中子通量产生高能量增益，进而实现具有商业价值的聚变能源。图8-12是HiPER电站的构想图。

HiPER主要由高功率激光驱动器、聚变靶室、靶丸注入与跟踪系统、集成计算机控制系统、电厂等几部分构成。在HiPER的概念设计中，激光驱动器拟采用二极管泵浦固体激光技术，单束激光输出功率达到千焦耳级，工作频率约为10Hz。聚变反应室是激光烧蚀燃料靶丸引发聚变反应的区域，它能在高能量辐射环境下持续可靠地运行，并通过增殖包层进行能量收集和氚提取。HiPER拥有2个以上的靶室，用于聚变能源开发和基础物理研究等不同学科领域的研究。靶丸注入与

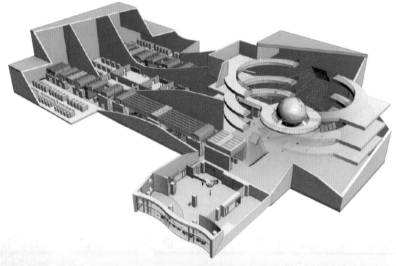

图 8-12　HiPER 电站构想图

跟踪系统负责向反应室的中心高速发射靶丸，并精确跟踪靶丸飞行轨迹和预测靶丸位置，以确保激光束在恰当时刻准确地汇聚在燃料靶丸上。集成计算机控制系统能执行管理员的指令，监视和记录系统各部分的运行状态，控制整个系统安全有序地运行。电厂将聚变产生的热能转换为电能向电网输出。

除了聚变能源研究这个首要任务外，HiPER还可以为欧洲提供一个非常重要的科学设施开拓全新的科学研究领域，为许多在其他装置上不能开展的物理研究提供新的实验平台。这些研究领域包括：实验室天体物理学，极端条件下的材料科学，湍流科学，基础原子、中子和等离子体物理等。

HiPER于2005年开始概念设计，2008年项目正式启动。2010年12月，HiPER执行董事会做出了一个重要决定：HiPER的点火方案将优先选用冲击点火，尽管包括快点火在内的其他选项并不排除在外。也正是由于没有完全成熟的技术，许多关键技术需要验证和确认，HiPER计划的不确定性很大，其阶段计划也是如此。目前已知的HiPER阶段计划为：阶段1，2013—2014年，NIF点火，同时开展商业案例开发；阶段2，2013—2021年确定冲击点火物理路线图，2021—2027年实现冲击点火演示，2014—2030年进行技术开发；阶段3，2022—2027年进行HiPER详细设计，2028—2040年进行HiPER建设和获取商业运行授权。HiPER阶段计划是以"NIF点火"为前提（同时相信，如果NIF行则LMJ也行），由于NIF至今都没有实现点火，法国的LMJ建设进度也大幅度推迟，所以这种计划的时间线显然已无现实意义。只有点火实现，这种计划的时间线进行顺延才有参考价值。

8.4.2　用于聚变能源的激光驱动器

用于聚变能源的激光驱动器不同于激光聚变研究的激光装置，为了保证释放核聚变能量的可持续性，也就是保障聚变电站持续发电，激光驱动器工作频率应达到10~16 Hz、激光系统的效率不低于10%。目前的激光驱动器均不能满足这样的要求，也就是说尚没有建成用于激光聚变能源的激光驱动器。在美国和欧洲的激光聚变能研究计划中，研制可用的激光驱动器是最主要的内容之一。由于美国LIFE和欧洲HiPER计划拟采用的聚变点火方案不同，研制的激光驱动器技术路线也就有所区别。下面，我们分别介绍LIFE和HiPER的激光驱动器的设计和研制情况。

1.　美国 LIFE 计划的激光系统

2011年，LLNL的巴拉米扬（A. Bayramian）等对LIFE的激光驱动器进行了详细的概念设计。LIFE激光器的概念设计利用了采用高能钕玻璃激光技术的NIF和基于高能二极管激光技术的Mercury激光系统的关键技术，并根据实现激光聚变能的工程需求，对这两个系统的优点进行了整合。

关于NIF，前面已有详细介绍，这里主要介绍Mercury和LIFE的激光系统。美国另外一种针对激光聚变能源的激光装置是海军研究实验室（NRL）的Nike和Eleelra（KrF）激光装置，它们均已经实现出光，在第4章有简要介绍，因其输出能量较低和LIFE未将其作为选项，这里就不再做介绍了。

（1）Mercury激光系统

Mercury激光系统是一个可升级的重复频率惯性聚变激光驱动器。LLNL从20世纪末开始Mercury激光系统的研制，建造了目前世界上单脉冲能量最大的激光二极管（LD）抽运的固体激光系统。Mercury激光演示验证平台验证了重频激光系统的高效热管理、重频电光开关、重频光束波前控制、重频下的谐波转换等相关技术。图8-13是Mercury激光实验室照片。

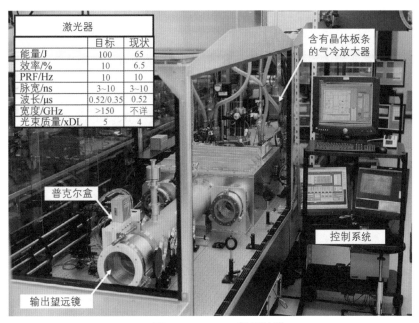

激光器		
	目标	现状
能量/J	100	65
效率/%	10	6.5
PRF/Hz	10	10
脉宽/ns	3~10	3~10
波长/μs	0.52/0.35	0.52
宽度/GHz	>150	不详
光束质量/xDL	5	4

含有晶体板条的气冷放大器

普克尔盒

输出望远镜

控制系统

图 8-13　Mercury 激光装置

① 系统设计

Mercury激光系统采用角形多路传输结构（图8-14），包括一个前端激光器和两个气体冷却放大器。放大器利用高速氦气冷却，减小

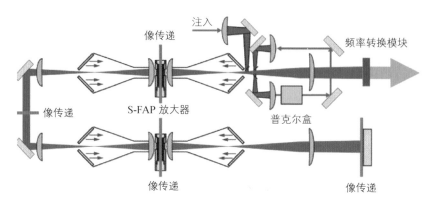

图 8-14　Mercury 激光装置的结构示意图

放大器的光学畸变，确保10 Hz以上的高重复率能力；每个放大器包括4组峰值功率为100 kW的二极管阵列，从两侧泵浦气体来冷却放大器头中7块Yb:S-FAP晶体片（4 cm×6 cm），确保Mercury激光系统的高能量效率；采用离轴四程放大结构，避免使用大口径高功率光开关；利用普克尔盒抑制寄生振荡；两放大器间的像传递设计降低了放大介质因激光强度调制过大而损坏的危险，确保了放大器的可靠性。

　　Mercury激光装置由光纤激光器提供种子脉冲，经前置放大器后，种子脉冲能量达到0.5 J。预放大后的脉冲依次经过两个放大器，由反射镜反射回来后，再次经过两个放大器获得最佳的能量输出。脉冲被放大至最大能量后，输入频率转换器。到今天为止，Mercury激光装置输出能量大于50 J的发射已经超过30万次，重复频率保持在10 Hz的水平。完全研制成功后，Mercury激光装置将保持相同的重复频率、输出能量达到100 J脉冲。

② 增益介质

Mercury激光装置选用了Yb:S-FAP晶体作为其首选的增益材料，主要考虑了晶体量子数亏损、上能级寿命和发射截面等三方面的性能。晶体的这些性能决定着Mercury激光装置效率、成本和使用寿命等重要性能。Yb掺杂物吸收近900 nm的二极管泵浦光而发射近1047 nm的激光，表明Yb:S-FAP晶体的量子数亏损为15%，上能级的寿命长短很重要，它直接关系到为得到激光器输出一定能量所需的激光二极管泵浦功率。Yb:S-FAP晶体的上能级寿命为1.1 ms，为了实现100 J的能量输出，意味着泵浦光的功率需要超过100 kW。

③ 自动控制

与NIF相同，Mercury激光装置光路准直和激光参数的诊断采用远程控制实现。关键的光学元件一直处于监测中。如果高重复系统的一次发射过程发生光学损伤，需要在下一发射引起进一步的破坏前人工关闭系统。因此，Mercury建立了一套自动系统对发射数据进行收集和整理，通过将正在进行的激光发射与以前发射的数据相比较，评估系统的安全风险，并且能够在必要时安全关闭系统，以便装置停机更换相应的光学元件，避免更多的光学元件被破坏。

（2）LIFE激光系统

LIFE包括大量束线，每一束线保留NIF基本的多通结构，仅进行一些小调整以优化性能。在激光介质上，LIFE采用Nd:Glass作为增益材料，替代Mercury中的Yb:S-FAP；为了增强高平均功率的运行能力，LIFE采用Mercury激光系统的冷却技术，对激光放大器、电光开关、谐波转换单元等均采用了主动冷却的方式，以适应激光系统对重频的需求；为了获得大于10%的激光效率，LIFE采用Mercury激光系统的泵浦技术，利用激光二极管泵浦系统代替NIF的氙灯。LIFE激光系统的设计3倍频插头效率可达到18%，重复频率为16 Hz，激光系统输出3倍频激光总能量高达2.2 MJ。图8-15是LIFE的基线设计示意图，LIFE激光系统的总体设计指标见表8-1。

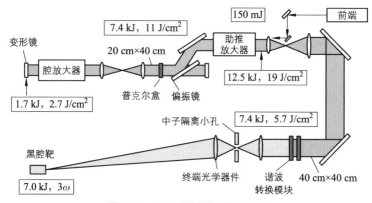

图 8-15 LIFE 的基线设计示意图

表 8-1 LIFE 激光系统的总体设计指标

项目	指标	项目	指标
总激光能量	2.2 MJ	维护时间	< 8 h
总峰值功率	633 TW	光束指向精度	100 μm（均方根）
光束数量	384（48×8）	束组能量稳定性	< 4%（均方根）
单束能量（3ω）	5.7 kJ	光束到靶时间差	< 30 ps（均方根）
插电效率	15%	焦斑大小	3.1 mm（95% 能量集中度）
重复频率	16 Hz	频谱宽度	180 GHz（3ω）
系统寿命	$30×10^9$ 发次	预脉冲	$< 10^8$ W/cm^2（主脉冲前 20 ns）
可用率	0.99		

　　LIFE聚变电站与其他发电装置相比，必须具有非常好的经济效益和竞争性。为了实现这一目标，LIFE的光束设计将以可靠性、可用性、可维护性和检查性（RAMI）为指导原则，提高激光系统的总体效率并降低电能成本。为满足激光系统RAMI的需求，每个光束结构都被封装在一个线性可替换单元（LRU）内，LIFE的激光系统由384个LRU的基频光路以及频率转换器、传输镜和终端光学组件组成。通过移除更换单个LRU，同时确保其他光束继续运行并补偿临近维修光束的能量，从而满足RAMI的要求。在合理的平均无故障时间下，统计模型估计激光系统的可用率高达99%。图8-16是LIFE电站光路布局和每个线性单元结构图。

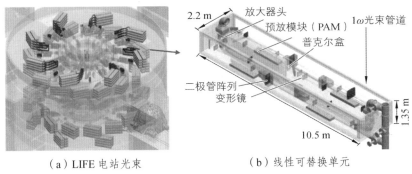

（a）LIFE 电站光束　　　　　　（b）线性可替换单元

图 8-16　LIFE 电站光路布局示意图

2. 欧洲 HiPER 的激光系统

　　为了尽可能在较少的激光总能量下实现聚变点火和高能量增益，HiPER项目拟采用激光驱动冲击点火或快点火方案，且优先考虑冲击点火。这两种点火方案均通过压缩和点火两个步骤来实现靶丸聚变点火燃烧，采用相同压缩脉冲，但点火脉冲显著不同。表8-2列出了两种点火方式对HiPER激光驱动器提出的输出要求。

表 8-2　两种点火方式对 HiPER 激光驱动器的要求

	输出物理量	快点火	冲击点火
压缩光束	总输出能量	250 ~ 300 kJ	
	峰值功率	50 ~ 60 TW	
	脉宽	10 ns	
	光束	48 束	
	波长	$0.35\,\mu m$（3ω）	
点火光束	总输出能量	100 kJ	60 ~ 100 kJ
	峰值功率	7000 TW	200 TW
	时间	15 ps	300 ~ 400 ps
	光束	单束	48 束
	波长	$0.53\,\mu m$（或 $0.35\,\mu m$）	$0.35\,\mu m$（3ω）

2011年，欧洲物理学家通过研究与计算，在下述工程假设下，给出了HiPER激光驱动器的子束能量、子束总数量以及构成单束光的子束数量等关键参数，如表8-3所示。

（1）子束口径为12 cm×12 cm或14 cm×14 cm；

（2）1倍频时最大激光损伤通量不超过10 J/cm^2；

（3）近场调制深度接近2，三次谐波产生效率为50%；

（4）啁啾脉冲放大技术（CPA）用于15 ps的快点火或400 ps的冲击点火。

表 8-3 用于内爆压缩和点火的子束数量

类型	总能量 /kJ	单个子束能量范围 /J	子束数量	每束光的子束数量
压缩光束（3ω）	250	830～925	540～600	11～13
冲击点火（3ω）	60	260～360	335～456	7～10
冲击点火（CPA）（3ω）	60	588～800	150～204	3～5
快点火（CPA）（1ω）	100	588～800	125～170	—

对于可行的商业化能源生产，HiPER的激光驱动器还必须具备高重复工作频率和高电光转换效率（15%~20%）。NIF和LMJ不适合于HiPER，但可以用于测试和验证HiPER靶设计。目前存在的第一代高功率DPSSL，可以以重复频率为10 Hz和单束光能量高达50 J的方式运行。有模拟表明，通过按比例放大现有放大器架构可以实现这个性能指标。但目前这种技术仍不成熟，而且按现今的价格而言，应用到HiPER装置上将导致成本非常之高。此外，用于高平均功率的大口径光学器件的有效性、运行与性能及其相关技术尚不明晰，能满足HiPER技术需求的工业技术成熟度也不够。技术开发仍在继续之中。

目前，正在研究的有关HiPER的激光系统设计主要有四种方案，所有方案中均以Yb为激活粒子，但采用不同的基质材料，它们的总输出能量都是千焦级。最终将从这四种方案中选择一种作为HiPER激光驱动器的设计方案。这四种方案分别是：

（1）德国光学与量子电子学研究所（IOQ）提出的"Yb:CaF$_2$气冷设计方案"，它是基于Yb:CaF$_2$增益介质的DPSSL方案。

（2）英国科学技术装置委员会（STFC）RAL实验室提出的"Yb:YAG气冷设计方案"，也是一种DPSSL装置方案。

（3）法国帕莱苏工业大学强激光应用实验室（LULI）提出的"Yb:YAG有源镜设计方案"。

（4）法国原子能委员会（CEA）提出的"DPSSL设计方案"，增益介质采用Yb:YAG陶瓷或者Yb:CaF$_2$晶体。

它们采取的总体技术路线见表8-4。

表8-4　HiPER 激光驱动器总体技术路线选择

主要研究单位	IOQ	STFC	LULI	CEA
光孔/光斑总数	4	1/4 /9	9	＞100000
总束组数	64	64	64	数百万
总脉冲数	256	64/256/576	576	数百万
总能量	640 kJ	640 kJ	640 kJ	640 kJ
放大器	气冷板条 冷却介质 泵浦 抽取		有源反射镜 泵浦 抽取 抽取 冷却介质	光纤
材料	Yb:CaF$_2$	Yb:YAG	Yb:Glass	

8.4.3　反应堆和增殖包层设计

用于捕获聚变能的反应堆和包层设计，必须使之能够在非常高的能量吞吐量环境下持续运行。能量捕获、氚和氦提取和氚提纯，都需要先进的材料和成熟的系统。

1.　燃料、包层和氚增殖

聚变反应堆使用氘和氚作为燃料，当它们聚变时将产生一个能量为3.5 MeV的氦核和一个能量为14 MeV的中子。捕获氦核和中子的能量是以热量方式获取聚变反应产生的能量的关键，这将在反应堆周围的包层中实现，应尽可能完全地覆盖反应堆以使这种捕获最大化。

由于氚非常非常稀少，包层需执行的第二个功能为循环"增殖"氚并用作新燃料。细致的中子物理学计算结果表明，在包层中可以实现1.1和1.4的增益，目前最优是1.2的增益。

对于包层理想的材料是自然界产生的锂。自然界产生的锂有^{6}Li和^{7}Li两种同位素。一个高能中子将与^{7}Li反应产生氦、氚和一个慢中子，慢中子反过来又与^{6}Li反应产生氦和氚，同时也可以给出能量形式的红利（增益）。因此，一个中子可以产生额外的氚燃料。

锂具有180.5 ℃的熔点和1342 ℃的沸点。这种低熔点、高沸点的特性使液态锂成为反应堆理想的基本热能萃取液。它可以在反应堆维修期间保持液态，经泵浦穿过诱导热能的限制器。它的高沸点允许其在高温下运作的反应堆中使用，适合于高温高转换效率电能发电厂。

理想的氚增殖材料是锂化物，可分为固体和液体两种。固体氚增殖材料（例如Li_2O、$LiAlO_2$、Li_4SiO_4、Li_8ZrO_6等）一般固定在产氚包层中，可在更高的温度下使用且氚提取容易；而液态增殖剂（例如Li、$Li_{17}Pb_{83}$、Li_2BeF_4等）在产氚的同时还可以载热，且能连续处理，氚增殖比较大，但对结构材料腐蚀性大，氚的提取较难。

与电站相邻的氚工厂将锂冷却液中的氚和靶室废气中的氚提取出来，再用于聚变靶制造。每个LIFE靶只包含大约0.7 mg的氚。氚的现场存量很低，经有效隔离可确保安全运行。

2. 第一壁与结构材料

在设计聚变反应堆时，一个更大的挑战是面对聚变等离子体的壁，即第一壁，因为在激光聚变反应堆中，直接经受最严酷辐射、腐蚀、高温环境的结构是聚变靶室的第一壁。第一壁结构材料的辐照损伤主要包括两方面：一是与高能聚变中子碰撞使结构材料原子从它们的栅格位置发生移位；二是由不同核反应在金属栅格内产生的气体。在反应堆运行过程中遭受高温的氢同位素将扩散出金属栅格，而α粒子将继续留在金属内并且产生氦气泡。另外，第一壁材料还将遭受高热负载、高能中子、α射线和高能粒子以及交变机械应力的影响。这些都会限制第一壁结构的使用寿命。图8-17是LIFE第一层内壁结构示意图。

因此，第一壁材料需要一种特殊结构，即增加具有良好导电性的表面积，降低壁上单位面积的热负荷至可接受的边界；材料还必须有足够多的孔，以便允许聚变反应产生的氦核在成为氦气之前逸出材料。

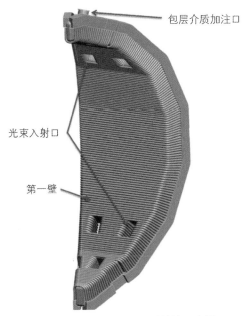

图 8-17　LIFE 第一层内壁结构示意图

第一壁材料还需具备这样的基本条件：低中子吸收截面，在 14 MeV中子照射下低活化，耐核反应产生的气体，独立于辐照损伤的高热导率，有吸引力的高温物理和力学性能（例如拉伸强度、蠕变强度、疲劳强度等）。目前可选的第一壁材料有低活化材料，例如低活化铁素体钢、氧化物弥散加固的铁素体钢、钒合金（V_4Cr_4Ti）等，以及高传导率的铜合金（例如$Cu_{0.5}Cr_{0.3}Zr$）以及高熔点合金。

8.4.4　聚变靶设计与生产

聚变能源靶的设计与实现激光聚变所选择的点火方式和驱动方式

直接有关。LIFE选择的是中心点火方式，但未确定采用间接驱动还是直接驱动方式。美国已开展了聚变能源靶设计与制备工作多年，并取得了不少的成果和较大进展。HiPER计划是优先选择冲击点火同时不排除快点火，冲击点火将采用直接驱动，快点火则采用间接驱动，目前仅做了一些靶设计的理论模拟工作。因此，下面将主要介绍LIFE聚变能源靶。

聚变能源靶不同于激光聚变研究用的点火靶，它是一种高能量增益的点火靶，其技术要求和精密程度超过NIF点火靶。不仅如此，聚变能源靶的制备技术还必须满足批量性、高一致性、高可靠性、高成品率、低成本等苛刻要求。根据LIFE概念设计，LIFE的聚变靶需要符合以下条件：

（1）经激光照射将燃料压缩为致密物质并产生高温使其点火。

（2）足够皮实，可以在高加速度（1000g）下射入靶室，并能耐受700 ℃和0.1 Pa的靶室运行环境。

（3）能够在反应堆运行温度范围181~700 ℃下在标称靶室中心实现聚变。

（4）靶的皮实性要与能量增益最大化相结合。

（5）能以适当低的成本大规模批量生产。

自20世纪90年代末以来，美国通用原子公司、LLNL和罗彻斯特大学已经开展了一些聚变能源靶（包括直接驱动和间接驱动靶）的研发和批量制靶技术工作，取得了一定成效。美国通过HAPL项目，提出了直接驱动靶（图8-18）和间接驱动靶（图8-20）的设计方案，具体靶参数如表8-5所示，并提出了如图8-19和图8-21所示的制备工艺流程。

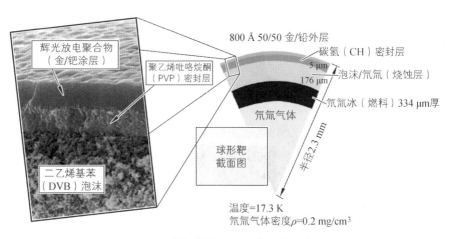

图 8-18 激光直接驱动 IFE 靶设计示意图

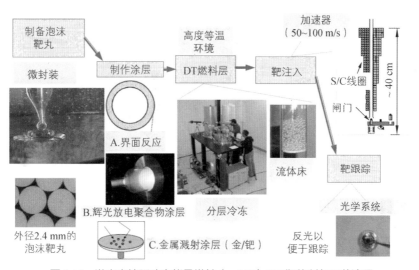

图 8-19 激光直接驱动高能量增益（×150）IFE 靶的制备工艺流程

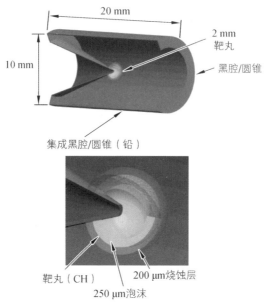

图 8-20 激光间接驱动 LIFE 靶设计示意图

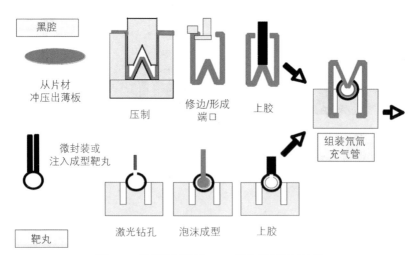

图 8-21 激光间接驱动 LIFE 靶的制备工艺流程

表 8-5　高能量增益聚变能源靶设计参数

项目	参数	项目	参数
材料	CH 泡沫（DVB，RF）	同心度	>99%
靶球直径	4~5 mm	靶球表面粗糙度	约 20 nm（均方根值）
壁厚	250~300 μm	冰层粗糙度	<1 μm（均方根值）
高 -Z 涂层	500 μm	打靶温度	15 ~ 18 K
CH 阻气层	1~5 μm	靶室内定位能力	± 5 mm
泡沫密度	20~120 mg/cc	束靶耦合	<20 μm
球形度	>99%		

　　在LLNL迄今为止的设想中，应用于LIFE设施的靶丸类型为DT冷冻泡沫金球靶。其结构与目前NIF所设计的DT靶丸大同小异，只是尺度略有不同（聚变能源靶直径5~6 mm，而NIF聚变靶丸直径仅1~2 mm）。为提高聚变能源靶的能量增益，将采用冷冻靶，即需要将聚变燃料气体DT冷却至三相点（19.8 K）以下，使其在靶丸内表面形成壁厚均匀、内表面光滑的DT冰层。因此，所有聚变能源靶的制备与表征技术都必须包括DT燃料的注入、均化和表征技术。美国通过HAPL项目，系统探索研究了与激光直接驱动聚变能源靶相关的大直径泡沫球壳制备技术、辉光放电等离子体聚合物（GDP）涂层技术、聚变氘氚（DT）燃料加载技术、DT燃料冷冻与均化技术、高精度靶注入技术等。目前，部分关键技术已得到突破性进展，如大直径泡沫球壳的高效制备技术已能达到重频的要求。

　　靶制备速率是否能满足需要、靶制备成本是否可接受，也是影响惯性聚变能源能否投入实际应用的关键因素。典型的LIFE电站（16 Hz运行）每天将需要约130万个聚变靶。目前，激光聚变研究实验用靶（点火靶）的单价成本高达数千美元，制靶技术可能不适合用于批量生产聚变能源靶。电站经济性分析表明，批量生产的靶的成本应在0.2~0.3美元/个。现在的制靶能力及成本与未来IFE能源生产所需的制靶能力相差甚远，因此，必须通过探索最适合优化靶设计的技术，来实现满足激光聚变能源电厂需要的靶批量生产技术。

　　总的来说，虽然目前许多聚变能源靶的制备技术研究方面取得了一定进展，但是聚变能源靶的大规模、低成本的批量生产仍然是一项艰巨的任务，面临着重大挑战。

　　另外，驱动激光要在靶室正中央均匀辐照到聚变靶丸上使其压缩加热至点火燃烧，需要一系列全新的供靶、靶定位、靶瞄准解决方案。这将涉及靶丸在发射过程和靶室中的生存问题、靶丸高速发射至靶室中心的精度和可靠性问题，以及靶的精确追迹、瞄准问题等等。美国GA在这些方面也已开展了许多研究工作，包括靶丸注入技术与系统、靶跟踪与瞄准技术与系统等，取得了不少技术成果和进展，但离实际应用还有很大距离。

8.4.5　热电厂

　　在吸收了聚变产生的热能以后，就是利用这种热能发电，其原理、主要技术与结构等与现有常规电站基本上是相同的。但LIFE电厂在第一壁和包层产生高温的能力，开启了高效率的热-电转换的潜力。

在咨询公共事业客户和涡轮机制造商后，在演示的超临界蒸汽系统的基础上，LIFE采用了朗肯循环设计（Rankine Cycle Designs），使用温度低于600℃的流体就能利用钢管工程，其结果是可以获得44%的整体转换效率和实现成本效率。早期的工作，采用了封闭的布雷顿（Brayton）循环和先进的管道工程，探索了潜在的甚至更高效的设计。这些在理论上是可能的，但与使用现成的技术解决方案的设计理念不相容。

8.5 激光聚变能源研究的未来

我们知道，美国激光聚变能源研究主要是基于LIFE和HAPL两大研究项目，它们都是在预期NIF能够在2012年实现点火的基础上设立的。由于NIF未实现点火以及其他一些原因，美国HAPL和LIFE项目先后暂停，但有关基础科学和技术开发（如材料、二极管激光器和聚变能源靶研究）仍在持续进行中。

美国国家科学院的国家研究委员会（NRC）于2013年2月发布了《惯性聚变能源前景评估报告》，对美国惯性聚变能源研究进展和前景进行了评估，对面临的技术挑战和研发目标进行了研究分析，并对制订国家级激光聚变能演示堆概念设计的研发路线图提出了相关建议。

8.5.1 面临的技术挑战

在系统、深入地分析已开展的研究工作及其进展后，NRC认为激光聚变能面临的技术挑战主要在于以下几个方面：

1. 内爆驱动方式选择

激光聚变能考虑的内爆驱动方式主要有直接驱动和间接驱动两种，它们各具优势和劣势。由于靶物理方面存在很大的不确定性，特别是这两种方案都涉及靶室、靶的制造和靶注入、波长依赖等问题，目前还不能确定哪种方案是最优的。

2. 点火方式选择

激光聚变能考虑的点火方式有：中心热斑点火、冲击点火和快点火。冲击点火与直接驱动相关，而热斑点火和快点火是间接驱动的主要点火模式。这些点火模式，也是各具优缺点，基于与驱动方式类似的原因，目前也不能确定哪种点火方式最优。

3. 驱动器选择

激光驱动考虑了两类可实现重频的激光器：二极管泵浦固体激光器（DPSSL）和KrF激光器。

DPSSL间接驱动的激光聚变反应堆方案，已在NIF上进行了一定深度的研究，相对较为成熟。LIFE就计划使用这种激光器和一个模块化的建造方案。这种激光器的光电转换效率已接近20%。半导体激光器阵列制造商声明，只要投入足够的研发资金，他们就能够制造出成本和性能都满足聚变能源所用DPSSL的产品。激光器的模块化设计对于聚变能源反应堆的高稳定性运行非常关键，可以在不关闭反应堆的条件下对激光驱动进行升级和维护。如果选择了DPSSL技术方案，那么进行全尺寸DPSSL束线模块和在线替换单元的演示，将是一个关键步骤，在项目早期有必要建造和演示千焦级装置。

KrF激光器是中心波长为248 nm、带宽为3 THz的准分子激光器，适用于直接驱动靶。对于实现大于140倍能量增益来说，直接驱动点火则要求激光束的能量要大于1.0~2.4 MJ。如果采用冲击脉冲点火或快点火，激光束能量要求可降至0.4 MJ。

目前，美国海军实验室的KrF激光器已经可以在5 Hz下持续工作3 h、可产生5×10^4个脉冲，或者在2.5 Hz下持续工作10 h、可提供1.5×10^5个脉冲，单位脉冲能量达到270 J。现在的研究重点是如何将能量提升到反应堆所需的20 kJ。对于需要0.4 MJ激光能量的装置，可使用20个20 kJ的激光器模块。20 kJ之后，超过50 kJ的设计就成为可能。

如果KrF激光器被选为聚变能方案，最主要的挑战是成功演示数千焦、5~10 Hz的满足聚变测试装置所有要求的激光器模块。

4. 聚变能源靶的制备和处理

目前，靶制备速率、成本和靶的增益，都无法满足聚变能源实际生产的需要。GA、LLNL和罗彻斯特大学已经开展了一些聚变能源靶的研发工作，包括直接驱动和间接驱动靶，批量制靶技术也在研究之中，取得了一定成效。经NRC分析评估，已提议的制靶技术非常适合经济性的批量制备工作，精度也会有保证，可靠性与经济性能满足要求，但是还需要开展大量工作之后才能将这种提议的制靶技术投入实际开发。

另外，在高重复频率的靶注入技术、靶追踪和驱动器瞄准技术、靶室环境下靶存活能力等方面，相关机构都已开展了一些研究及开发工作，提出了一些技术方案，但要实际应用到激光聚变能源中还存在大量的挑战，需要开展持续的研发工作。

5. 靶材料循环

所有激光聚变能源靶在打靶后都会产生放射性材料——剩余DT燃料以及被活化的高Z材料碎片（例如Pb、Au等），这些材料都需要回收处理。靶材料循环问题与聚变能源方案、靶设计以及靶室技术密切相关。由于靶结构的不同，直接驱动靶较间接驱动靶在靶材料循环和废物管理方面存在的问题相对较少。截至目前，已经开展了大量工作来研究聚变能源靶材料回收处理相关问题，也取得了一定的成果，但仍有许多问题并无定论，需要进行大量深入的研究工作。

6. 靶室技术

靶室是激光聚变电站实现聚变反应释放的能量被有效利用的关键组成部分，必须保证实现靶室内核反应产生的能量被有效提取和利用，氚燃料的增值、提取和处理，系统的实时稳定运行。激光聚变能靶室主要分为固体壁和液体壁两种形式，对于不同的聚变能源方案各具优势。靶室技术的选择和设计与驱动器和靶技术的选择和设计紧密相关。同时，靶室和包层技术研究涉及很多科学和工程领域，存在大量各式各样的难题，并且这些难题相互关联制约。因此，还需加大对靶室技术的研究和开发力度。

7. 氚的产生、回收和管理

氚的产生、回收和管理也是激光聚变能系统成功的关键之一。地球上氚的量是有限的，所以氚"增殖"是确保聚变能源燃料供应所必需的。氚的"自给自足"（聚变的封闭燃料循环）对于商业的成功，甚至大型的测试设施都是必需的。这涵盖了一系列问题，包括靶体性能、再生区的氚增殖潜力和聚变能源系统中的氚存储。目前，科学家们对这些问题已进行了初步研究，但这些研究处在预概念设计水平，已经部分地开发并测试了实验室规模的氚回收系统，获得可以实现可接受的氚去除和存储限的初步结果，但还需在实验室和工程规模下进一步测试以确认。

其他有关激光聚变能源系统的技术研究还涉及环境、健康和安全（包括工厂运转与维护、废物处置流程及规范性）、电厂配套设施、经济可行性等，这些是另一个很庞大的主题，此处不一一叙述。

8.5.2 未来发展设想

由于NIF未能如期实现点火，目前美国激光聚变能源研究工作确实已陷入困境。这种困境主要在于研发工作的必要性而不是技术可行性。NRC认为至今还没有发现不可克服的技术障碍影响激光聚变能源生产的最终实现，尽管在研发过程中仍然存在一些认知缺陷和大量的性能不确定性。

在必要性方面，NRC持相当积极的看法：不管目前是否实现激光聚变点火，持续开展聚变能源研究都是必要的，因为点火受阻将使聚变能源距离实际应用需要更多的时间，也许还需要几十年的研发，但激光聚变能源具有的潜在优势和前景仍在，其在美国长期的能源投资组合战略和开发战略中应该占有一席之地。虽然，制订国家级激光聚变能源开发规划的适当时间是在实现点火之后，但制定出激光聚变能源路线图的时机已经相对成熟。当然，这种路线图不可能基于时间节点，而应该是基于事件里程碑。总体而言，在开展激光聚变演示堆设计之前，必须要实现和满足以下里程碑事件：

（1）最重要的里程碑事件就是必须在实验室实现点火。没有点火，任何激光惯性聚变能源项目都只会在有限范围、有限资源支持的条件下开展。

（2）必须在一定程度上演示中等增益（或者是适当的增益），其方案能够实现高增益能量输出的预期。

（3）演示相对较高的靶增益。

（4）激光驱动器必须具备演示打靶次数大于1×10^{7}次/年的能力，并能预期激光驱动器打靶寿命超过1×10^{9}脉冲次数。

（5）建立起靶自动化制备能力，必须要满足演示堆的用靶需求，并且将制靶成本控制在可接受范围之内。

（6）开展大量的靶室设计研究工作，包括中子防护、氚增殖和材料在复杂辐射环境下的生存能力等，以得到一个能高概率长期成功运行的靶室设计。

　　在实现实验室点火之后，就可以制订激光聚变能源开发规划，启动包括关键单元技术研发、工程方案设计以及工程研制的国家级聚变能研发项目，也许就可以按照LIFE研究团队在进行聚变电站概念设计时给出的LIFE商业化阶段规划开展工作，实现梦寐以求的商业化激光聚变电站。

第 9 章

创造基础科学研究的极端实验室条件

- 高能量密度物理
- 材料相变
- 实验室天体物理
- 新型的桌面级加速器
- 激光核物理
- 强场物理与量子电动力学

激光聚变研究所用的高功率激光装置和超短超强激光器还可以创造其他科学实验装置难以达到的极端物质条件，包括密度、温度和压力等，而这种极端条件在宇宙中只有三种情况下能达到，即宇宙大爆炸、恒星和行星内部以及核爆炸。

例如，目前全世界最大高功率激光装置NIF实现的极端条件为：物质密度达1×10^3 g/cm^3，中子密度达1×10^{26}个/cm^3，压力超过1×10^{13} Pa，物质温度超过1×10^8 K，物质辐射温度超过1×10^6 K。

所谓超短超强激光通常是指脉冲宽度在皮秒级及更短的、功率密度在1×10^{18} W/cm^2及以上的激光。世界上已建造了大量超短超强激光装置，例如美国LLE的Omega EP、Texas Petawatt和利用NIF的4束光对脉冲宽度进一步压缩转换而来的ARC，英国的Vulcan-PW、Astra Gemini，德国的PHELIX，日本GEKKO XII-LFEX，以及中国的神光-II升级装置、星光-III装置。2006年，欧洲提出了一个令人振奋的计划——超强光基础设施计划（Extremes-Light Infrastruce，ELI），它能实现世界上最高的功率输出（200 PW）和最高的聚焦功率密度（1×10^{25} W/cm^2）。

这些由激光装置创造的前所未有的实验室极端研究条件，将为基础科学许多研究领域，如天体物理、材料科学、等离子体物理、激光核物理、原子物理、凝聚态物理、加速器物理、高能物理等带来新的研究机遇，将实验物理拓展到一个崭新的领域。下面，我们将简单地介绍有关研究情况，使读者有一个初步的了解。

9.1　高能量密度物理

高能量密度状态是指物质的能量密度高于 1×10^5 J/cm^3，或者压力大于 1×10^{11} Pa。在这种条件下物质会呈现出与常温情况下完全不同的性质。当压强高于 1×10^{11} Pa 时，常见的材料会发生明显的形变，从流体力学角度来看，材料还会发生从不可压缩到可压缩的本质性变化。激光作为最明亮的可控光源，不仅仅能够用于惯性约束聚变研究，它还是一种非常好的加载手段。得益于激光强大的能力，可以帮助人们在实验室内在极小的空间和极短的时间内产生高能量密度状态，从而研究更广泛的物理，产生和探测极端状态的物质。这些特殊的状态与惯性约束聚变、核武器爆炸等所达到的物质状态有诸多类似之处，因此也成为人们研究的对象。

例如，在目前最强的激光器上，研究者能够产生创纪录的实验室高压，达到数太帕（1 TPa=10^{12} Pa）区域。这一压力甚至超过了地球中心的压力，达到巨行星、褐矮星、白矮星以及其他星体内部的条件。因此也为实验室天体物理、高压物理等学科领域提供了崭新的技术手段。

一直以来，人们都在积极探索和发展激光，努力创造可调的、跨越各种频段的相干明亮辐射源，并应用于很多前沿研究领域，例如太赫兹辐射、红外到可见光的光参量放大、高次谐波产生、阿秒 X 射线脉冲以及基于康普顿散射的高能伽马射线辐射源等。这些新型的基于激光器的辐射源可以成为我们的"眼睛"，来探测自然结构及其物理、化学过程。

总的来看，以高能量密度状态为主要研究对象的高能量密度科学主要包含两方面的研究内容：一是研究如何产生特殊的高能量密度状态，以及高能量密度条件下的物质结构与特性及其发展规律；二是进行这些研究所需要的各种强有力的辐射源和探针技术。由于激光辐射源与加载状态之间具有先天的同步优势，可以帮助人们将这些极端的物质状态"看"得更清楚。这些研究内涵非常丰富，可以开展研究的问题也非常多。

9.2　材料相变

自然界存在的各种各样物质，绝大多数都是以固、液、气三种聚集态存在着，这些不同的聚集态被称为"相"，而不同相之间的变化即为相变。如今，人们在实验室里已经能够对常温常压下的物质相变进行非常精细的研究，但是在极端条件下物质的相变研究则非常困难。

产生、观测、控制极端条件下的材料及等离子体的过程中蕴含着非常丰富的物理。例如，宇宙中的凝聚态物质大部分都存在于目前实验室无法实现的压力环境之中。如果无法实现这些地外行星心部的压力条件，就无法知道这些物质的特性。巨型激光器的出现给人们提供了强有力的武器：由于激光可以在非常短的时间内将大量的能量集中于非常小的区域，因此形成的压力和压力梯度都将非常可观。用激光等熵压缩物质产生在强度、硬度、电导率等方面具有新性质的新物质状态。而确定这些高密度状态的结构则需要高亮度的超快X射线辐射源来进行照相、衍射和光谱学等测量，这可以帮助人们在实验室对常温常压下无法达到的物质状态进行研究。

在过去的几年里，使用波形被精确控制的高能量激光系统（例如NIF和Omega）来实现无冲击或者准等熵压缩，将物质引入新的压力区间，同时实现原位诊断，这为材料科学研究提供了崭新的研究手段。从基础科学的角度来说，这些新物质状态与理解地外行星的构成直接相关，探索这些未经探索过的高压区间则提供了解决设计与加工新的物质亚稳态相的巨大挑战的机会。这个研究领域需要产生压力高达数太帕的物质状态，而激光则是提供这样压力的来源。

这样做的最终目的是将它们应用到我们日常的环境中来。例如工业上非常重要的亚稳态物质——金刚石，就是在地球的高压环境下产生的，除此之外，我们知道还有许多其他亚稳态物质。密度泛函理论预言，一些特定的物质在比我们地球核心更高的压力下，可能是亚稳态的并可回到普通温度和压力下保持基本稳定，且具有独特的有用的特性。

对致密物质的实验研究需要发展专门的等离子体物理诊断技术。因为高密度使得物质对于可见光频率附近的光不透明，短脉冲的高穿透的X射线对诊断这样的高密度物质状态具有重要作用。因为特殊的原子结构导致对X射线探针光的吸收可能有显著改变，而且这些实验室里产生的物质状态通常都只能维持非常短暂的时间。大多数已有的技术是针对物质的宏观行为的，例如物质状态方程描述或者对X射线的吸收系数等。在过去的十年中，X射线散射与衍射技术获得了巨大发展，因而可以用于研究这些极端物质状态里的微观物理，从而可以表征相变边界、发现新物质、测量等离子体与物质状态的非线性演化等。

到目前为止，我们只探索过物质相空间的很小一部分。将尖端、高重频、高功率可见光激光技术与X射线激光耦合起来，将使得科学家以前所未有的精密程度来产生与探测极端物质状态的结构成为可能，也使得使用新的知识来探索新的物质成为可能。这样的研究挑战性很大，但是在基础科学和应用科学上的回报都将是非常大的。

9.3 实验室天体物理

天文学是一门古老的学问，从古人类直立行走抬头望天开始，人类就开始对广袤无垠的夜空进行观测，不过直到伽利略之前，人们都是凭肉眼直接观测天体的运动，并建立了开普勒三大定律，奠定了现代天文学的基础。但是，我们已知天体系统是一个极其复杂的体系，其中大量的天体（例如恒星、白矮星、中子星等）都处于极端的高温高压条件之下。从20世纪60年代以来，随着射电观测手段的引入，人们对天体的研究逐渐深入到天体体系中的等离子体过程，并伴随着等离子体物理领域的研究一起成长，取得了非常多的成就。位于我国贵州省平塘县的FAST巨型射电望远镜即是为此而设计建造的，其刚刚投入使用就取得了一系列令人瞩目的成就。

不过，局限于地球的渺小和天体的宏大，不管是可见光观测手段抑或射电波段的观测手段已经不再能满足物理学家的好奇心。而得益于激光功率密度的不断提高，激光与物质相互作用的研究进入了一个新的能量密度范围。这种强大的激光在极小尺度上所集中的能量密度比目前其他任何手段都要高得多，因而可以帮助人们获得与天体物理系统中条件相同或者相近的等离子体状态。这就使得人们在实验室利用这种强大的激光装置进行天体物理的机理和机制研究成为可能，这就是实验天体物理。

不过，在实验室利用大型激光装置对天体物理中的等离子体过程进行模拟研究时，人们首先面临的是尺度相差巨大这一问题。受限于天体巨大的时间和空间尺度（空间尺度高达光年，时间尺度长达数百年乃至亿年），人们只能依赖观测手段来对这些物理现象中有限的到达地球的信号进行研究。而激光等离子体的尺寸在毫米量级，持续的时间在纳秒量级。如何建立这两者之间的联系是研究的关键。

在对天体物理有了一定认知之后，如此巨大的时空差别被物理学家们巧妙地利用标度变换将其连接起来：这两个尺度相差巨大的研究对象都可以通过流体力学的方法来进行研究，而流体力学的基础描述框架是无量纲的，也就是说，只要满足一定的定标关系，就可以将天体中巨大的时空尺度转换为实验室下的小尺度、短时间。这样，在实验室利用激光产生的等离子体就为人们研究天体物理中的物理过程和机制提供了非常好的工具。

不过，我们必须指出的是，尽管通过标度变换可以将广袤的宇宙微缩至激光相互作用的毫厘之间，但是并不存在普适性的应用于整个天体物理的变换规律，也不可能在一次激光等离子体实验中复制天体体系中的等离子体的所有细节。因此，对天体物理的研究必须通过对具体现象进行分析，找出其关键物理量进行精确的标度变换，而次要的物理量则需要引入一定的假设并允许其有适当的偏离。下面我们对其中一些研究对象进行简单的说明。

超新星爆发是高度演化的恒星上所发生的灾难性爆炸。在生命末期，恒星的中心核坍缩，内部的简并压力和星体巨大引力相互竞争，引力坍缩会在极短时间之内完成，而随着内部原子核密度达到简并密度时，简并压力会迅速增长以阻止引力所引发的内爆。这时，在星体内部大量的核被反弹出来，形成威力巨大的向外传播的冲击波。这种灾难性的终结既是宇宙中大量天体的最终命运，也是超新星爆炸的来源，因此一直是人们关心和研究的焦点之一。人们通常对超新星爆炸后的光变曲线进行研究，其包含有恒星及其爆炸的丰富信息。定量计算光变曲线并和实际观测结果进行比较，就可以帮助我们获得超新星爆炸的信息。不过这样的计算会受到多方面因素的制约，例如光子在膨胀等离子体中的不透明度就是其中一个非常关键的要素。而在实验室中，人们可以利用强激光打靶对例如Al的发射谱特征结构进行观察，由于这样的等离子体结构在膨胀的过程中带有很大的速度梯度，因此在一定程度上可以模拟扩张的等离子体效应对不透明度的影响，从而通过实验来检验不透明度的计算，这样就可以获得与光变曲线有关的信息。

超新星爆炸后产生的超新星遗迹也是人们非常感兴趣的热点。以目前人们关注的SN1987A为例，这个超新星遗迹包含有超新星爆发产生的快速向外喷发的喷流，另外还有两个分布在外部类似于星云的环状结构，如图9-1所示。为此人们提出了非常多的模型对其动力学发展过程来进行解释，但是还没有一个理论能完美地解释其起源。激光实验能产生类似于超新星遗迹中的冲击波结构，至少在一维方向上，实验室获得的结果与超新星遗迹中的基本动力学观测结果非常相似。因

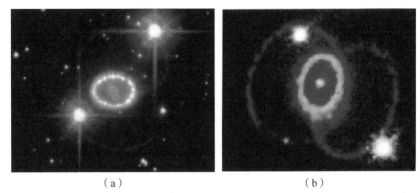

（a）　　　　　　　　　　　　（b）

图 9-1　SN1987A 超新星爆发及形成的遗迹

此利用自相似模型，可以帮助人们设计激光等离子体实验来模拟超新星遗迹的动力学过程。

　　伽马射线爆发也是现代天文学中很大的谜团。图 9-2 是伽马射线爆发的图像。人们观测发现，天空中随机方向每天都可以探测到这样的爆发过程，其典型持续时间为几秒钟，发射的光子能量为 $0.1 \sim 10\,\mathrm{MeV}$。不过对其产生距离的判断则会直接影响对伽马射线爆发的总能量的估计。其距离地球越远，则要达到目前我们所观测到的信号强度，所需要的每次释放的能量会迅速增加。如果一次伽马射线爆发处于宇宙学距离，预计其释放的能量可能会高达 $1 \times 10^{46}\,\mathrm{J}$，而直接根据观测结果测算的

伽马射线暴（GRB）

图 9-2　伽马射线爆发

发射源直径仅 1×10^4 km左右。在这么小的尺度能释放如此巨大的能量是非常难以理解的。一种可能的解释是基于所谓的"火球"模型的：我们观测到光子的只是"事后辉光"，而不是直接由"源"上产生的。而这种辉光和"火球"内部的正负电子对产生息息相关。蒙特卡洛结果显示，利用高能电子与正电子对多次通过"火球"产生康普顿散射，可以获得与观测到的伽马射线爆发相类似的定性结果。利用激光辐照平面靶来获得扩张的高能密度等离子体来模拟"火球"，在实验中可以观测大量的正负电子对产生，因此可以用来研究这样的电子对与等离子体相互作用的效应。

激光与物质相互作用过程中，靶体表面迅速等离子体化，而这些处于离化状态的物质在喷射的过程中会迅速形成电荷分离场。当这样的两团等离子体对撞时，尽管其密度非常稀薄，离子之间鲜有碰撞发生，但是电磁场的作用却不可忽视，在一定条件下会形成一种特殊的等离子体现象——无碰撞冲击波。在冲击波发生的地方，随着冲击波速度以及密度的演化，还会产生各种不稳定性和局域的喷射流现象。在如此复杂的电磁场演化过程中，还会伴随着磁重联现象。

我们知道，当介质中的波速超过了介质中的声速时，便会形成冲击波。冲击波在地球上很常见，如超声速飞行器形成的声障、船行进时的激波等。而在宇宙中，天体的运动速度通常是很快的，声速相对较小，所以在宇宙中，激波是一种十分常见的天体现象。所以在天体物理中，人们对冲击波产生机制进行了大量的研究。在2000年，德拉克（Drake）提出在实验室中产生无碰撞冲击波的思想，4年之后，库尔图瓦（Courtois）在实验室中对此思想进行验证，他们利用激光照射两个相对的盘靶，可惜未能观测到无碰撞冲击波的产生。而在 2010 年，由中科院物理所、国家天文台和大阪大学组成的联合团队在神光-Ⅱ激光装置上进行的物理实验则成功观测到了静电无碰撞冲击波的产生。随后，这一团队又在神光-Ⅱ装置上采用不同的打靶方式产生了冲击波，并通过与超新星遗迹的参数对比，认为该实验可以模拟超新星遗迹中的冲击波过程。

磁重联广泛地存在于宇宙之中，在这个过程中，磁场能量会突然释放，转化为等离子体中粒子的动能。太阳的日冕物质抛射、磁层亚爆以及极光等现象，都被认为与磁重联有关。但是对磁重联过程的物理机制目前还没有深入而清晰的认识。而激光的出现使得在实验室研究磁重联成为可能。当激光作用在固体靶表面时，等离子体泡膨胀后，会在靶上产生环形的磁场，这些磁场的强度与激光的功率密度相关，可达到数百特斯拉到数万特斯拉不等。这时，如果利用两束激光作用在靶面上相邻的区域，就可以构造出方向相反的磁场。随着等离子体的热膨胀，反向的磁力线会相互靠近并发生重联，这就是磁重联实验的基本思路。利用这些研究方法，目前人们已经开始对磁重联有了一定的认识。图 9-3 是太

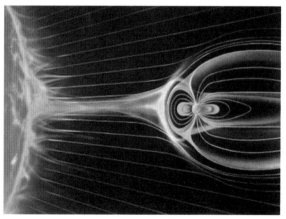

图 9-3　太阳风和地球磁场的相互作用示意图

阳风和地球磁场的相互作用示意图。

宇宙中的物质是高度磁化的并充满了宇宙射线，其中高能粒子的能量可以比我们实验室中获得的最高能量13 TeV（在位于法国和瑞士边界的欧洲核子中心的大型强子对撞机上，质子可以被加速至这样的能量）还要高8个数量级。磁场产生、放大、消失等背后的机制以及其中的粒子加速仍然是研究的前沿。喷流一般指天体喷出的高速、准直、定向的物质流。对喷流产生的机制，目前一种比较受认可的解释是，在磁场的作用下，吸积盘周围的等离子体进入吸积盘中心，其角动量向轴向双极动量转化后，形成了喷流。利用一束激光轰击靶得到等离子体喷流，然后用另一束激光照射固体平面靶在喷流路径上产生等离子体介质，人们发现了喷流的偏折现象。这一结果用实验表明空间中观测到的天体喷流偏折现象是由于喷流撞击周围介质形成的。这即是激光应用于喷流研究的一项重要的应用。磁重联和喷流都可能是高能粒子的一种可能的来源机制。磁重联是磁场能量突然释放的过程，磁能转化为带电粒子的动能。但是在重联区域的粒子加速机制却不甚清楚，激光驱动重联可以提供这一区域的详细信息。目前这一类的激光实验研究已经开始，是研究的热点之一。

核反应可以说是整个宇宙的能量来源，而受控热核聚变则是激光等离子体物理研究的根本目标和最大动力。而一旦我们在实验室达到可控聚变点火条件（根据目前NIF装置上最新的实验结果，我们已经极其接近这一状态），则聚变等离子体可以帮助我们直接研究恒星内部的核反应过程。届时，核反应不仅仅是核物理及核天体物理研究的主要对象，也将成为激光等离子体物理学家和等离子体天文物理学家追求的目标。而利用超短脉冲激光器产生的各种伽马射线及次级粒子射线也已经能够引发光核反应，是目前研究的热点之一（将在后面的篇幅中进行介绍）。

高功率激光的快速发展使得相对论等离子体的研究从理论研究和天体物理观测扩展到实验室研究成为可能。特别是相对论高功率密度激光与致密等离子体的相互作用使得激光驱动无碰撞冲击波、湍流、相对论性磁重联等成为可能。而无碰撞相对论等离子体现象由于时空尺度小（微米、飞秒），因此需要结合X射线汤姆逊散射、相衬成像、小角度X射线散射以及X射线法拉第旋转等诊断以及超快相干X射线源来做探测。发展激光驱动等离子体实验以及能体现真实实验过程的整体全动力学模拟将会引领高能等离子体天体物理模型的重要发展。而这些实验可以表征相对论对撞等离子体中磁场放大与湍流的主要等离子体过程，研究这些系统中的冲击波形成与粒子加速机制，检验用来模拟和解释数据以及天体物理模型的模拟程序等。

大尺度三维PIC模拟现在常用来研究极端等离子体状态以及它们的非线性演化。一些模拟结果显示相对论等离子体中磁场相关的不稳定性可以有效加速高能粒子。这些机制的研究对于理解极端天体物理环境中，例如活动星系核发射的相对论性磁化喷流里的粒子加速与辐射机制非常重要。喷流是最强的宇宙加速器之一，但它们的粒子加速机制仍然是个谜。虽然模拟喷流在传播过程中相互竞争的不稳定性方面取得了巨大发展，但目前还不能确认这些不稳定性过程的发展如何产生我们所观测到的辐射的高能粒子。有一些理论认为，绳结（Kink）不稳定性的非线性发展可以有效地将大量储存在喷流中的磁场能量转化为高能量粒子及其辐射。PIC模拟给出的粒子能谱与测量到的可见光波段及X射线波段非平衡辐射谱符合得很好。模拟还显示绳结不稳定性可以加速离子到喷流的约束能量，而在实验室里产生与观测这些不稳定性对于我们理解相应的物理则会非常重要。

9.4 新型的桌面级加速器

1979年，美国加州大学洛杉矶分校的两位教授田岛（Tajima）和道森（Dowson）首次提出了激光等离子体加速的概念。激光在等离子体中传播时，等离子体中的电子质量比较轻，在电磁波的作用下会向横向（垂直于激光传播方向）排开，而离子则因为比较重，基本保持静止不动。当激光过后，被排开的电子在正离子的库仑力作用下被拉回来，从而会在激光的后部形成波动，即等离子体波。

理想的情况下，当等离子体介质密度比较低（例如在稀薄气体中）时，激光有质动力作用如此之强，可以将通过区域的电子完全排空，这样激光的后方就会形成一个几乎没有电子而只有离子背景的区域，被称为空泡。

这个空泡有两个很好的特征：首先，尽管离子本身保持静止，但是随着激光向前传播，从空间上看，一个只有离子的空域可以随着激光高速传播；其次，这团离子是一个非常强的正电荷聚集区，因此形成了一个很强的加速场。空泡经过后，在其尾部会有一部分电子感受到加速场的影响，而且这个加速场的加速梯度非常大，可以达到100 GV/m，因此电子在非常短的距离就会被加速到非常高的能量。另外，由于在横向方向电子富集，因此在空泡的外围实际上形成了一个强的负电荷聚集管道，对电子也有非常好的聚焦效果。总体来看，这些被加速的电子就像乘着激光产生的尾波前进，因此也被称为尾波场加速。

2004年，有三个实验室几乎同时获得了100 MeV级的准单能电子束。2006年，在几个厘米长的等离子体通道中，100 TW的激光产生了1 GeV的电子。今天，实验室中可以实现100 MeV到8 GeV的尾场加速，电荷量从10 pC级到100 pC级。尾场加速的能量增益由激起的等离子体波的振幅以及加速距离决定。加速电子束的品质则由背景等离子体电子如何被捕获到实现加速与聚焦的等离子体波中来决定。

目前，文献报道的最高加速纪录是美国的学者在2019年创造的，在这个实验中，电子经过短短20cm的加速距离就可以被加速至7.8 GeV。相比之下，传统加速器要加速至相同的能量则需要长达数百米的加速距离。基于这种机制，人们设想可以获得小型的台面化的高能加速器。其装置尺寸和建设成本都远低于传统的加速器，是一种非常新颖的技术。

不过，相比传统的加速器，尾场加速电子的能谱范围较大，发散角也比较大，要直接用于对撞机等物理研究，还是有比较大的差距。另外，由于尾场电子加速机制下，电子从尾场的末端注入并获得加速，其加速的稳定性也尚待提高。因此，目前针对尾场电子加速的稳定性、束流强度、能散以及发散角等的控制和优化都是研究的热点。

另一个比较容易被加速的对象是质子。作为最轻的离子，质子只包含一个核子，因此在相同电场作用下，其得到的加速度是最大的。不过即使如此，由于质子质量约为电子质量的1836倍，因此要获得相同的速度，加速质子需要的加速场更强。质子加速一般采用的是稠密等离子体或者固体靶，其加速场可达1 TV/m。

通常激光质子加速采用超短超强激光与平面固体靶相互作用。实际上，当超短超强激光作用在靶上，其表面的原子在超强激光作用下迅速等离子体化，同时电子在激光有质动力的推动下会获得很高的能量，这些电子可以穿过整个靶体，在靶的背面形成一团电子云，这团负电荷聚集体可以吸引靶表面的质子，使其感受到强大的加速场，这样的场被称为鞘场。在这个场的作用下，质子可以被加速至数兆电子伏至数十兆电子伏量级。由于鞘场分布于靶的后界面，因此质子感受的库仑力方向大体是垂直于靶后法线方向，这些质子可以被加速到很高的能量并沿法线方向以一定的立体角发射出去。

2000年，在美国LLNL的拍瓦级Nova装置上，利用其高达450 J的激光能量，人们首次获得了高达58 MeV的高能质子束。而在2015年左右，在韩国的3 PW（1 PW=10^{15} W）飞秒激光装置上，人们已经能够将质子加速至89 MeV。2018年，英国科学家利用卢瑟福实验室的皮秒高对比度高强度激光与百纳米级的超薄靶相互作用获得了近100 MeV的质子束，这也是目前世界上在激光实验室得到的最高的质子能量。

对质子加速而言，从能量传递的角度来看，激光的能量首先转换为靶上电子的定向运动能，电子穿过靶体后在后方形成鞘场，质子再从鞘场获得能量。因此质子加速相比电子，其能量转换效率会低很多，只有10%左右。同时，由于不同位置质子感受到鞘场的强度不同，因此加速的质子能量分布很宽，能量并不集中，同时发散角也比较大。

鞘场本质上是激光产生的一种电荷分离场，为了让质子获得更好的加速，实际上就要求这个电荷分离场足够强和足够稳定。为此，人们还提出了利用圆偏振光来进行质子光压加速的研究。相比常用的线偏振光，圆偏振光作用下激光有质动力只有稳定项而没有与激光频率相关的高频振荡项，对靶的加热作用较弱，而电子则可以获得非常稳定的加速。当靶比较薄的情况下，电子在激光光压的推动下离开靶体，与离子分离后可以形成很稳定的电荷分离场，从而可以加速质子。

超短超强激光加速产生的质子束具有非常好的应用，例如在医学肿瘤治疗中，高能质子束在射程末端有一个很强的能量沉积峰，被称为布拉格峰，也就是说很大一部分质子的能量会集中沉积在这一区域。这样就可以通过控制质子的能量来将质子沉积在肿瘤的位置而避免对机体的损伤。质子可以对目标物质内部的电磁场做出响应，因此用高通量的鞘场加速质子束流可以研究非常精细的电磁场结构。而且，由于这些质子具有一定的能谱分布，因此可以通过调整它们的飞行时间来得到不同时刻的电磁场信息。高能的质子具有很强的穿透性，在稠密物质的照相和成像方面也具有非常广阔的应用前景。随着超短超强激光功率密度的提升，质子束的能量和品质不断提高，建立用于高能物理研究的质子对撞机也具有非常好的前景。

超短超强激光帮助我们获得了电子、质子等高能粒子束。在此基础上，我们可以获得更加丰富的新型辐射源家族。

由激光尾场加速产生的高能电子束可以用作多种光源产生的基

础，相应的波长几乎跨越电磁波的所有区域，包括汤姆逊/康普顿散射、韧致辐射、自由电子激光、相干渡越/太赫兹辐射等都可以在近期产生应用。激光尾场加速一个很大的优势是可以大幅度减小高能电子加速器的尺寸，从而有利于实现各种辐射源的应用。另外，驱动的激光束、产生的电子束以及随之产生的二次辐射之间具有很好的时间同步关系，这一特点可以使其便于与其他高能量密度物理加载设备耦合。

高能量密度科学与其他等离子体物理领域常需要具有很好的能谱以及时空精度的光子探针。例如，利用尾场电子与Pb、W、Au等高Z转换靶材料作用可以产生非常明亮的X射线乃至伽马射线源。由于尾场加速电子的束斑只有几十微米，因此这些次级辐射源的源尺寸非常小，可以满足高空间分辨透视照相的需求。

尾场加速电子在空泡中加速时，在空泡横向聚焦场的作用下会横向振荡，这种振荡被称为betatron振荡，而同步产生的辐射则被称为betatron辐射。这种辐射信号非常类似于同步辐射的产生机制，但是由于betatron振荡来自等离子体的聚焦电场，其相比传统同步辐射的二级磁铁强度高很多，因此可以获得能量比较高的betatron辐射源。并且，这种辐射源来自于飞秒激光，因此天然地具有非常短的脉冲。

当数十兆电子伏的电子束流与靶相互作用时，在靶内将通过韧致辐射过程产生非常强的伽马射线，其中一些光子将以一定的概率与原子核发生电子对效应，这样我们就可以得到很好的正电子源。这些正电子是很好的探针，在一些特殊的研究领域可以发挥很重要的作用。目前，在美国LLNL的Jupiter激光器上已经成功得到了高达2×10^{10} 个/sr的高产额正电子源。

　　而当尾场加速电子的能量继续提高，超过212 MeV时，就可以通过相同的过程产生出与电子同属于轻子的μ子。μ子比电子重两百余倍，因此产生的截面小很多。但是相比电子，μ子的射程大多了，它可以穿过很厚的物质，是一种非常好的物理探针。尽管目前还没有在激光实验室观测到μ子的报道，但是相信在不久的将来这种新型辐射源一定能够发挥很重要的作用。

　　激光尾场电子加速器产生的伽马射线与原子核作用还可以通过光核作用产生中子。而激光直接加速的质子也可以与D或者LiF等材料相互作用来产生中子。这种方式产生的中子具有很宽的能谱分布和很好的方向性，是一种很好的白光中子源，可以用于中子测温等研究之中。在激光中子源和研究上，美国洛斯阿拉莫斯国家实验室的Trident激光器上得到的中子能量和产额都保持着世界纪录。这种新型束源在快中子照相、军控核查等方面均有较好的应用前景。

　　硼-中子俘获治疗（BNCT）也是一项很有前景的医学应用，通过产生超热中子并向病人发射，并被含硼的化合物吸收，达到治疗患处的效果。传统上，用于硼-中子俘获治疗的中子需要反应堆来产生，而反应堆数量有限、规模庞大且具有高辐射环境。研究硼-中子俘获治疗的群体将会从大量基于激光的小型、可调中子源中受益。激光中子源具有的短脉冲使得它与反应堆很不一样，研究它们两者的不同可能带来医疗上的革新。

　　正是由于超短超强激光装置在各种辐射源的产生方面的广泛应用和潜在应用价值，各国在超短超强激光装置的研发方面都在加大投入。目前，投入运行的超短超强激光的功率已经可以到达几拍瓦。

而在不久的未来，还将有数座10 PW级装置投入实验，例如广东省中山市光子科学中心已经开始建设的XG-ELF装置就将配备2束10 PW激光，位于我国上海的SULF装置，欧洲的ELI-Beamlines、ELI-NP与ELI-ALPS装置等也都配置有类似的高功率激光。同时，100 PW级装置也正在筹划和建设之中，例如中国的SULF装置、欧洲的ELI-UHF装置、俄罗斯的XCELS装置等。这样的功率意味着什么呢？太阳辐射地球的功率约为100 PW，因此，100 PW级的装置相当于将太阳辐射到地球的功率集中到了几个微米的范围之内。通过这样的装置，实现的电磁场将具有前所未有的强度。图9-4是已经建成投入运行的一些超短超强激光装置。

（a）韩国 GIST

（b）中国 SULF

（c）中国 SILEX-Ⅱ

（d）捷克 ELI-Beamlines

图9-4　已经建成投入运行的一些超短超强激光装置

<h2>9.5　激光核物理</h2>

核物理可以说是一门古老的学科。1895年，德国物理学家伦琴（Wilhelm Röntgen）发现并命名了X射线，并用它获得了第一张用X射线拍摄的照片，也由此揭开了人们研究原子和原子核物理的序幕。紧接着，1896年，法国物理学家贝克勒尔（Henri Becquerel）发现了铀的放射性，这是人类第一次在实验室观测到的原子核现象。随后，1898年，波兰物理学家居里夫人（Marie Curie）发现了钋和镭，也确定了放射现象是一种特有的原子现象，它只取决于原子的性质，而与化合物的组成无关。1909年，新西兰物理学家卢瑟福进行了著名的α粒子轰击Au核实验，并就此确立了原子的核式结构，奠定了现代物理的基石。再到1932年，英国物理学家詹姆斯·查得维克（James Chadwick）用α粒子轰击^{10}B得到了^{13}N原子核和一种质量接近质子的中性粒子即中子，由此推开了研究原子核的大门。而裂变反应和聚变反应被发现，让人类走上了核能利用的广阔空间。可以说，一百余年来，核物理已为人类社会的进步和发展做出了重大贡献。纵观核物理的发展史，核武器、核能和核医学的需求极大地牵引了核物理和核技术的发展，而加速器和反应堆的发明极大地推动了核物理的发展。

目前，人们已经对原子核有了相当程度的了解，由此发展形成了核科学与技术。但是原子核仍然存在很多谜团尚待解释，是基础物理研究的一个重要的组成部分。然而，由于受限于加速器和反应堆，核物理的发展面临高门槛和发展瓶颈。近几十年来，激光技术的飞速发展使激光的峰值功率密度达到了前所未有的强度，这为核物理学的发展提供了一个崭新的研究平台，为多学科交叉研究带来了历史性的机遇和拓展空间，并创生了一个全新的学科，即激光核物理。

所谓激光核物理，简单地说就是基于激光的核物理研究，是一个非常新的领域，最近才在科学界引起迅速增加的兴趣。激光核物理的诞生可以追溯到超快强激光出现的时候，人们发现基于这种激光可以产生离化相关的辐射，并在比起惯性约束聚变的驱动激光低得多的激光能量下诱导可观的核反应。当意识到激光驱动的康普顿光源可以到达上兆电子伏能量时，这个领域获得了更多的动力，因为可以使用这样的源的独特性质来激发与操作原子核，从而有望促进核谱学的发展。就像激光导致原子谱学的革命一样，这些进步也刺激了电子加速器研究群体与激光研究群体的结合。而激光驱动的高能粒子源，例如前面提到的质子以及更重的离子、中子，以及其他更少见的粒子，例如 π 介子、μ 子等，其数十兆电子伏到上吉电子伏的能量足以敲开原子核的大门，用于核物理探测，而且具有很多实际应用。

国际上很早就开始关注利用激光技术来进行核物理的研究。1988年，博耶（K. Boyer）等人首先在理论上预言利用强激光打靶产生的韧致辐射γ光子可以激发 ^{238}U 裂变。2000年，在英国卢瑟福实验室的 Vulcan 激光器和美国劳伦斯·利弗莫尔实验室的 Nova 激光器上都开展了该实验，这是人类首次利用超强激光技术进行的核裂变实验。而位于欧洲罗马尼亚的欧盟三大强激光装置之一的 ELI-NP 就是专门瞄准核物理学科领域的基础前沿开展研究。这一装置上包含了两束 10 PW 的激光束和一束基于激光康普顿散射的准直、准单能、高亮度的γ光源。

面对激光技术在核物理研究方面逐渐呈现的潜力，早在2004年，欧盟委员会联合研究中心、欧盟超铀元素研究所和法国耶拿大学就共同举办了以激光核物理为主题的国际会议，组织激光技术和核物理方面的专家就激光核物理领域在实验和理论方面的发展进行了广泛的讨论。

一方面，激光所创造的复杂的等离子体环境中原子核性质的变化是惯性约束聚变同时也是原子核物理学科面临的重要研究课题。以原子核衰变为例，因为质子数过多而导致不稳定核素会通过捕获核外内壳层电子而将质子变成中子从而达到平衡状态。另一种类似的过程则是处于激发态的原子核退激发时将释放的能量交由核外的电子发射出去。在这两种过程中，原子核所处的环境对其影响很大。例如，当核外电子被完全剥离时，^{7}Be会变得稳定。^{125}Te处于核能及第一激发态的寿命约为1.5 ns，如果被剥离掉47个电子，其通过发射内转换电子跃迁到基态的概率就会大大降低，寿命也会由此延长至6 ns。而强激光产生的等离子体环境为研究核能级的激发跃迁提供给了绝佳的场所。这些激发过程包括光子吸收和非弹电子散射等直接激发过程，以及核外电子跃迁致核激发和核外电子捕获致核激发等间接激发过程。特别是后两种过程与原子核的电离度密切相关，而等离子体环境可以为研究这些过程提供极大的便利，也为很多具体的应用问题如储能物质同质异能素的制备、触发奠定基础。

另外，超短超强激光与物质相互作用可以产生能量达到数十兆电子伏到上吉电子伏的各种辐射源，这些能量足以产生核反应。而由于激光在产生成本方面的优势，可以为核物理的研究提供便利。

激光诱导核裂变的一个应用是可以获得核反应数据，完善核数据库。在国际原子能机构汇编的160种核素光核反应截面中，只有9种反应数据可用，而大部分的数据都存在缺口。超强激光驱动的粒子源相比传统加速器具有便利性和低成本的优势，测试实验也更容易开展。目前，研究人员已经利用台面激光器和大型激光装置对长寿命的裂变产物如^{129}I的（γ，n）反应截面进行了测量。目前这方面的研究实验还比较少，而这些数据对于了解光核裂变过程以及光核裂变与中子诱导裂变之间的区别都很重要。利用光致核反应监测特种材料也是防止核武器扩散框架下监测裂变物质的一种方法。

利用光核反应还可以通过核嬗变对核废料进行处理。以放射性核废料^{93}Zr和^{126}Sn为例，这两种元素的半衰期分别是153万年和10万年。拉索尔·萨迪基（R. Sadighi-Bonabi）等人对利用激光技术产生的γ光子与这两种材料的处理进行分析，结果表明通过（γ，n）嬗变可以将其变成稳定的同位素^{92}Zr和半衰期只有9.4天的^{125}Sn，大大降低其危害性。

短寿命、可以发射正电子的反射性同位素在医学上可以用于正电子发射断层照相。目前，这种同位素主要由加速器和反应堆生产，而这些装置占地面积大、运行成本高，一般都是独立于医院之外运作。而同位素使用要求一定的时效性，为药品的运输和使用都带来不便。利用激光加速的粒子源可以用于这类医用同位素的生产。

总结一下，激光核物理是一个快速发展的研究领域，它结合了高功率激光与核探测技术。激光在这里被用来驱动高强度的高能光子或其他粒子束，产生核反应，可用于探测样品、提供大客体的同位素构成定量数据。还可以用于检测货物防止核材料走私、关键设施的整体检测（桥梁、建筑、涡轮机等）、癌症治疗等领域。

9.6　强场物理与量子电动力学

如果我们可以继续提升激光场的场强达到前所未有的强度（例如大于 1×10^{23} W/cm² ）时，将发生许多奇妙的量子物理现象，这个研究领域被称为强场量子电动力学。其中，最著名的现象是施温格（Schwinger）对的产生过程。在真空中，时时刻刻都存在着许多不停涨落的粒子，这些粒子与它们的反粒子同涨同落，因为没有可以转化为它们的质量的能量来源，不留下什么痕迹，被称为虚粒子。然而，非常强的电场可以给涨落中的正负电子对能量。当电场达到 1.3×10^{18} V/m，这些涨落的正负电子对就可以获得足够的能量来挣脱彼此的束缚，产生自由的实正负电子并消耗电场的能量。

当电场或者磁场没有这么强的时候，虽然无法产生实的正负电子，却可以影响虚正负电子涨落的过程，进而影响电磁波的传播。这种影响可以等效为不等于1的折射系数，就好像这个超强的电磁场将真空变成了一种介质一样。由于虚正负电子的涨落受到的影响与强场的方向也有关，所以极化方向不同的电磁波感受到的折射系数还不一样。这个现象因此被称为真空双折射，如图9-5所示。

目前暗物质最主要的候选粒子有两个，参与弱相互作用的大质量粒子以及轴子。轴子是一种可能存在的、与电磁相互作用有很弱的耦

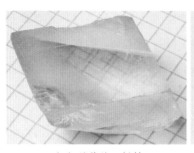

（a）晶体的双折射　　　　　（b）真空双折射

图 9-5　晶体的双折射与真空双折射

合同时质量也很小的粒子。轴子在真空中也有涨落，因此它也有可能影响到电磁波的传播。那么通过测量极强磁场中电磁波的传播，也有可能发现轴子存在与否的证据。

　　如此强度的电磁场，特别是磁场会在哪儿存在呢？现在一般认为在一些极端天体的周围应该存在极强的磁场，例如中子星和黑洞。强场量子电动力学可能强烈地影响甚至主导这些极端星体内部、表面或者附近发生的物理过程，并改变传到我们人类的接收仪器中的信号的性质。因此，要准确解读来自这些极端星体的信号需要强场量子电动力学。

　　在强场中，电子被急剧加速，而急剧加速的电子被认为可以发出一对自旋相互纠缠的光子，称为安鲁辐射［图9-6（a）］。这是因为急剧加速的电子看到的真空不是空无一物的，而是一锅具有温度的"热汤"，或者说黑体辐射。电子与其中的光子发生散射这一过程在我们看来就会变成电子辐射出一对光子。这个物理现象可用来探索真空的本质，此外，它还与著名的霍金辐射［图9-6（b）］存在等价关系。

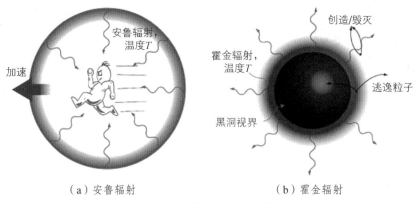

（a）安鲁辐射　　　　　　　　　　（b）霍金辐射

图 9-6　安鲁辐射与霍金辐射

　　强场量子电动力学是在考虑极端强度的电磁场背景条件下，使用量子电动力学的研究方法来研究电磁相互作用，这与传统高能物理中的研究有些不一样。传统高能物理研究的一般是没有背景场的条件下，很少的几个粒子（特别是两个粒子）之间的碰撞过程，能量虽然很高，但能量密度却极低。而强场量子电动力学研究加上了极端强度的电磁场背景，研究的是具有极高能量密度的过程。在这个框架下，由于背景电磁场的影响，很多前所未有的物理现象会体现出来，这也是当前非常热门的研究领域。

第 **10** 章

路漫漫其修远兮

- 聚变电站——点火成功后激光聚变的首选应用
- 超高功率激光将基础科学实验研究推向纵深
- 热核引擎梦畅想
- 结束语

回顾激光聚变研究历史，人们一般是将1960年发明激光及随后物理学家们提出激光聚变概念作为激光聚变研究的起始点，而实际上远可以追溯到1950年泰勒关于用原子弹之外的其他方式来点燃氘氚发生聚变反应的发问上，因为这一问为惯性约束聚变研究选择激光作为驱动源埋下了种子。由此来看，激光聚变研究实际上与磁约束聚变研究几乎同步，至今已经历了七十余年艰难曲折而又伟大的历程。聚变科学家和工程师们投入了极大的热情和智慧，攻克了一个又一个难关，在科学技术的诸多方面都取得了重大突破，但未能实现聚变点火，输入能量仍然高于输出能量，聚变点火这个桂冠仍然没有摘到。在实现激光聚变点火的道路上，科学家们可谓遭遇到了前所未有的科学与技术挑战。

科学家们分析认为，NIF至今未能实现点火，主要是因为用于设计点火靶和预测其性能的模拟程序没有准确预测点火内爆的物理学，包括激光等离子体相互作用、流体动力学不稳定性和混合等，导致点火实验研究中相继暴露出来一些影响重大的问题，例如：超过预期的LPI问题、束间能量转移问题、低模驱动不对称性偏大及不对称性时变问题、推进层与燃料混合问题等。

在明确了点火失败的主要原因之后，美国就将用于开发和改进模拟程序的基础物理实验研究作为优先研究方向，一共有六类研究，包括：与内爆过程（驱动器将能量传输到靶、使靶内爆并达到阻滞和燃烧状态）有关的"驱动器-靶耦合""靶预处理""内爆""阻滞和燃烧"实验研究；为获取材料特性和不同介质情况下的辐射输运数据的"材料与辐射输运特性"实验研究；利用这些实验数据对特定的高能量密度环境进行计算机模拟的"近似与验证"研究。

经过数年持续不断的研究后，2020年5月美国再次对间接驱动的激光聚变点火研究进展进行了评估，明确认为：如果不能填补现有的物理认识空白，并在制靶质量、激光精度、能量耦合和内爆控制方面做出足够的改进，那么利用当前的NIF功率和能量将不能实现点火，就需要建造一个新装置来实现点火，而这个新装置的激光器能量需要达到3 MJ或者5 MJ。从科学技术角度来讲，建造这样的新的激光装置不成问题，但需要投入的资金将是巨大的。

就在激光聚变科学界因NIF不能实现点火而陷入困惑迷茫甚至悲观失望之际，2021年8月12日，美国LLNL激光聚变首席科学家奥马尔·哈瑞肯（Omar Hurricane）在等离子体物理杂志（JPP）研讨会上宣布，他们团队在8月8日的NIF实验中获得了迄今为止最高的聚变产额（1.35 MJ），这一重大进展毫无悬念地震惊了整个激光聚变研究领域，令激光聚变科学家们兴奋无比。

LLNL现任主任金·布迪尔（Kim Budil）更是激动不已，对该成果给予了极高评价。她说道："实验产生了超过1 MJ的聚变产额，是LLNL先前最高纪录的6倍，是靶丸吸收能量的4倍以上，约为激光器发射激光能量的70%，距离'聚变增益大于1'的里程碑目标更进一步了，这一结果在许多方面都具有历史性意义"。她还认为，这一激动人心的进展，为NIF支持核武库维护和管理打开了大门，使他们能够在地下试验结束后，首次开始研究剧烈燃烧等离子体，并为在NIF上获得更高的聚变产额创造了新的可能性。这确实是迈向光明未来的重要一步，也是整个实验室无比自豪的时刻。

激光聚变的理论基础是可靠的，也已得到了地下核试验和实验室实验的验证，绝大部分聚变科学家对此深信不疑。因此，激光聚变点火研究不仅在继续深化而且在不断扩展。科学家们正在研究从不同激光性能（宽带二倍频、窄带三倍频、更短激光波长、降低激光相干性等），不同点火方式（中心点火、快点火、整体点火、冲击点火等），不同黑腔腔型（直柱黑腔、橄榄球腔、花生腔等）等方面展开激光聚变的技术探索和实验。从理论上讲，这些不同的技术及其组合的方案各具优缺点，科学家们希望通过研究，逐渐理清聚变点火过程中的关键问题，从而能够"殊途同归"——最终实现点火。从另一个角度来说，各国探索不同点火技术方案，对未来点火成功以后激光聚变的进一步应用发展也具有非常重大的意义。

NIF点火未成功在证明激光聚变的科学技术挑战远超预期的同时，也给其他国家带来赶超美国的机会。中国、美国、法国、俄罗斯等大国正在激光聚变研究中竞相追逐，都希望能成为摘取聚变桂冠——聚变点火的"第一人"。虽然我们现在无法预测什么时间能实现点火，也不知道谁将首先实现点火，但坚信人类一定能在不久的将来实现点火，因为人类对实现激光点火和追求聚变能和平利用的美好前景的步伐是什么困难都挡不住的！

那么，所谓的激光聚变的"美好前景"是什么呢？在我们现在的认知范围内可以展望的、最重要的是：聚变能源即将成为现实。与此同时，前沿基础科学等也会进一步向纵深拓展，也许还将使热核引擎走出梦想。

10.1　聚变电站——点火成功后激光聚变的首选应用

一旦实现了实验室点火，聚变燃烧基本上就不是问题了，激光聚变能源的技术可行性就得到了验证，接下来的激光聚变研究就将转向如何提高聚变增益，使之达到10倍、50倍甚至100倍以上，以满足输出中等能量增益、反应堆级能量增益、商业化聚变电站的聚变增益。这在理论上和科学技术上都完全是可以实现的。

实际上，科学家们研究激光聚变的出发点和落脚点都在于聚变能源。所以，从激光聚变研究一开始，科学家和工程师们就已在考虑激光聚变电站的设计以及建造聚变电站所涉及的科学技术与工程问题。特别是在进入激光聚变点火研究阶段、看到点火成功的希望时，就开始设立专门的研究开发项目，进行比较深入而全面的研究。在这方面，美国和法国走到了前面，研究范围基本覆盖了激光聚变电站的方方面面，包括：聚变能电站概念设计，聚变堆的研究与设计，用于聚变能源的重频激光驱动器，聚变靶注入、瞄准、跟踪系统，聚变能源靶设计、制造和低成本批量生产，聚变燃料氚的循环生产，自动化控制系统等，甚至对电站环境、健康和安全（包括工厂运转与维护、废物处置流程及规范性）、电厂配套设施都进行了研究。尽管这些激光聚变电站的相关技术大部分还不成熟，存在相当大的不确定性，远未达到可以实际应用的程度，但科学家的评估认为，没有不可逾越的技术障碍影响激光聚变能源生产的最终实现，只要投入足够的资金和科技力量。

这种投入什么时候最合适，那就是实验室点火成功之时。相信一旦点火成功，不管是谁率先成功，美国、欧盟、中国、日本、俄罗斯等这些在激光聚变研究领域摸爬滚打了数十载的国家和组织，必将争先恐后地投入，聚变能源也必将在国家能源战略中占有十分重要的地位，聚变能源研究和开发必将毫无疑问地成为一个国家科技发展的重大方向。到那时，全人类都将在能源自由之路上快步前进。也许从实验室点火成功以后，再过20年，人类就可享受到激光聚变输送的电力；再过50年，人类所需能源将大部分来自于聚变，直到能源自由。能源自由了，天就更蓝了，人类也更安全、自由、幸福快乐了。

10.2　超高功率激光将基础科学实验研究推向纵深

研究激光聚变点火的激光器能量输出，以目前世界上最大的高功率高能量激光器NIF来说，其最高输出能量超过2 MJ，激光输出功率密度在10^{16} W/cm^{2}这个量级，因为泵浦亮度、损伤阈值、散热、非线性效应等因素的制约，这个功率密度很难再大幅提升。虽然利用合束技术不断增加激光总能量，在理论上来说是可以的，但现实中总要受到材料性能的制约，而且激光器规模也不可能无限扩展。

为了进一步提高功率密度，科学家们又提出了新的思路：利用现有的激光聚变研究所用的巨型纳秒激光装置（例如NIF、LMJ、LIL等）产生更高功率的激光脉冲。我们知道，功率$P=E/t$（E是能量，t为脉冲时间），因此，增加功率一方面可以通过增加能量，另一方面则可以通过压缩脉冲时间来实现。在目前激光器建设技术和水平下，既然能量不易大幅提升，那么就可以尽可能将高功率的激光脉冲压缩到它的傅里叶转换极限，并保持良好的空间特性，这样更高的功率或者功率密度则完全是可行的。

杰拉德·穆鲁（Gerard Mourou）和田岛（T. Tajima）提出了超高强激光脉冲发展的新设想，将有可能统一高功率激光和超短脉冲技术的发展，从而利用现有的巨型纳秒激光装置来产生更短的激光脉冲。他们的工作为巨型激光装置的未来发展及其在基本物理及应用领域的相关研究带来了新的机遇，它们将提供更高的功率，而超短超强激光装置的发展将会创造极强场条件，大大拓宽和深化其在科学技术领域的研究。

欧洲泽瓦-伊瓦国际科学与技术中心（IZEST）正致力于此项研究，IZEST是由激光、等离子体物理、核物理、高能物理和广义相对论领域的世界一流科学家组成，其目标就是研究如何采用极短的阿秒（1×10^{-18} s）或仄秒（1×10^{-21} s）脉冲实现最高功率激光脉冲输出以及极高的功率密度。IZEST将采用一种新的激光脉冲放大方法。将三种压缩技术CPA、OPCPA和利用拉曼/布利渊放大等离子体压缩（PC）技术进行组合实现级联转换压缩技术（简称C^3），能高效地将千焦或兆焦级的纳秒（ns）激光脉冲压缩成飞秒（fs）脉冲。新的设计将在10 fs时间内输出10~1000 kJ的激光脉冲，产生艾瓦（10^{18} W）乃至泽瓦（10^{21} W）级的峰值功率，激光功率密度将可能达到Schwinger极限（1×10^{29} W/cm^2），此刻脉冲将被聚焦到与激光波长相当的尺寸大小。因而将为基础物理研究打开新的大门，比如大量新奇物理的发现：太电子伏物理、太电子伏以上的物理、新的光-物质弱耦合场效应、非线性量子电动力学（QED）和量子色动力学场（QCD）、近Schwinger场的辐射物理、真空的仄秒动力谱学、真空的非线性效应、阿秒/仄秒超快科学、暗能量与暗物质等等。另外，人们也利用激光产生飞秒、阿秒和仄秒的脉冲，发展新的粒子/辐射精度的测量技术、强场相关的其他基础物理研究。最后，太电子伏粒子的产生将可以满足太电子伏至拍电子伏天体物理研究的需求。

10.3 热核引擎梦畅想

早在1961年，LLNL的纳科尔斯就曾经在给约翰·福斯特的备忘录中写道："这个想法是……对循环内燃机的燃烧进行聚变模拟。DT或DD在一系列可控的微爆炸中燃烧。……计算表明，这种内爆和随后几毫克重的DT滴丸的无扰动燃烧是可行的……这种引擎可能应用于电力生产（舍伍德项目）或热核火箭（聚变漫游者项目）"。这就是最早的热核引擎设想，由于当时激光核聚变的研究才刚刚起步，不可能将这种设想推向实际研究开发，因此这种设想只能成为一种沉睡中的梦想。

但是，如果一旦实现了激光聚变点火和聚变放能，就有可能唤醒热核引擎梦，使科学家们投入到利用这种冲压式核聚变放能的热核引擎研究中，从而开发出热核火箭、热核发动机等运载工具。

我们还可以进一步想象，当科学技术发展到能够直接利用氢元素作为聚变燃料时将会是什么样的情景。到那时，人类将以宇宙中"取之不尽、用之不竭"的氢（宇宙中氢是最多的元素，大约占宇宙质量的3/4）

作为燃料，把这些氢吸入密封容器中，利用激光聚变方法引发热核反应产生巨大能量，为冲压式核聚变发动机提供源源不断的能量输出。

著名物理学家罗伯特·巴萨德（Robert W. Bussard）曾经推算出，重1000 t的冲压式核聚变发送机能在一年时间持续产生1g的推动力，因此冲压式核聚变发送机飞行速度将是7.7%的光速。以这个速度，我们完全可以轻松实现太空探索，到那时，探月、探测火星都将"分分钟"不在话下。我们甚至可以开发太空旅游，在无边无际的宇宙中，日出时刻美美观上一场470多摄氏度的水星炎热舞蹈，日落时刻就转到火星看看火山、峡谷、美丽的陨石坑，或者酣然沉睡后睁开惺忪的眼睛去星际间看看璀璨的帷幔星云（一颗在3万多年前爆炸的超新星遗址，该星系距离我们1.5万光年），收获满怀的妙不可言。当太阳即将寿终正寝、陨落太空时，负载人类种群的冲压式核聚变发送机将浩浩荡荡启程，带着我们飞向另一个美丽星球。

10.4 结束语

目前，我国的激光聚变研究工作正在如火如荼地开展。中国工程物理研究院激光聚变研究中心是我国最主要的激光聚变研究单位，具有激光聚变的理论、实验、驱动器、制靶、诊断"五大支柱"的先进研究能力，汇聚了众多的优秀科技人才。1990年，被誉为"中国核武器之父"、激光聚变的创始人之一的王淦昌院士，对我国激光聚变发展提出期望，希望我们能够"锲而不舍，把惯性约束聚变工作做到底"（图10-1）。同年，被誉为"中国氢弹之父"、中国激光聚变的主要推动者的于敏院士，要求我们要"团结、求实、创新，走出有中国特色发展惯性约束聚变道路"（图10-2）。被誉为中国惯性约束聚变的当代领路人、激光聚变领域国际最高奖——爱德华·泰勒奖获得者的贺贤土院士（图10-3），在第七届国际聚变科学与应用会议上，也提出了新的设想，希望能够在近期万焦耳级激光器上的靶物理研究基础上，推进到激光能量$2 \times 10^5 \sim 4 \times 10^5$ J的新平台研究，经过这一中间平台上靶物理的充分研究，然后外推4~5倍到百万焦耳级的激光平台上进行激光聚变研究并实现点火演示。这些著名的科学家，为推动我国激光聚变事业的快速发展做出了极为重要的贡献。我国正在贺贤土院士、胡仁宇院士、张维岩院士等老一辈聚变科学家的指导和引领下，以五大支柱的系统工程思想，快速、协调地推进激光聚变的理论研究、驱动器设计制造、靶设计制造、实验研究和实验诊断的发展，总体研究水平和能力已跻身世界一流。

图 10-1　王淦昌院士和他的题词

图 10-2　于敏院士和他的题词

图 10-3　贺贤土院士获 2019 年度爱德华·泰勒奖

2021年8月8日，NIF惯性约束聚变实验获得了1.35 MJ的聚变放能、接近聚变点火阈值的重大进展，是NIF一个重要里程碑，预示着新实验时代的开启，也是激光聚变研究史的重要里程碑。这一重大成果的取得，得益于多年的改进努力，包括新的诊断系统、改进的靶制造工艺、改进的激光精度以及改进能量耦合等多个因素。一般认为，这一结果既对NIF实验工作方向具有重大影响，也对国际激光聚变研究方向有着重要影响。

路漫漫其修远兮，吾将上下而求索。激光聚变是一项伟大的事业，需要一代代人坚持不懈地奋斗，它功在当代、利在千秋。我国曾经启幕这一伟大事业的很多先辈们都陆续进入暮年或谢世，但是他们留下的精神和开创的事业却传承和发展下来了，一批又一批的年轻人接过老一代科学家的接力棒。他们在追求早日实现激光聚变点火的道路上，以初生牛犊不怕虎的激情和开拓创新精神勇往直前，不断开拓基础科学研究新领域，迈进获取无限能源的广袤天地。我们希望更多的有志青年才俊加入到激光聚变这一伟大的事业中来，成为新时代的"夸父"，一起携手共进，为实现"在地球上造一个小太阳"、实现人类能源自由这个美好梦想而奋斗！

参考文献

[1] TELLER E. The work of many people[J]. Science, 1955, 121(3139): 267.

[2] NUCKOLLS J. Electrical implosion of small nuclear devices[Z]. California: Livermore Radiation Laboratory, 1960.

[3] BASOV N G, KROHKIN O H. The conditions of plasma heating by optical generation of radiation[C]//Proceeding of the 3rd International Congress on Quantum Electronics. New York: Columbia University Press, 1964: 1373.

[4] DAWSON J M. On the production of plasma by giant pulse lasers[J]. The physics of fluids, 1964, 7(7): 981-987.

[5] 容克. 比一千个太阳还亮[M]. 何纬, 译. 北京: 中国原子能出版社, 1966.

[6] CLARK J S, FISHER H N, MASON R J. Laser driven implosion of spherical DT targets to thermonuclear burn conditions[J]. Physical Review Letters, 1973, 30(3): 89-92.

[7] SPECK D R, SIMMONS W W. Argus laser fusion facility[R]. Livermore: Lawrence Livermore National Laboratory, 1976.

[8] FLECK J A, MORRIS J R, THOMPSON P F. Calculation of the smalll scale self-focusing ripple gain spectrum for cyclops laser system: a status report[R]. Livermore: Lawrence Livermore National Laboratory, 1976.

[9] GLAZE J A. Shiva: a 30 terawatt glass laser for fusion research[R]. Livermore: Lawrence Livermore National Laboratory, 1978.

[10] ZIMMERMAN G, KERSHAW D, BAILEY D, et al. LASNEX code

for inertial confinement fusion[R]. Livermore: Lawrence Livermore National Laboratory, 1977.

[11] SIMMONS W W, SPECK D R, HUNT J T. Argus laser system: performance summary[J]. Applied Optics, 1978, 17(7): 999-1005.

[12] RESS D, LERCHE R A, ELLIS R J, et al. Neutron imaging of laser fusion targets[J]. Science, 1988, 241: 956-958.

[13] HOFFER J K, FOREMAN L R. Radioactively induced sublimation in solid tritium[J]. Physical Review Letters, 1988, 60(13): 1310-1313.

[14] Commission on Physical Sciences, Mathematics, and Applications. Second review of the Department of Energy's inertial confinement fusion program(final report)[R]. Washington: National Academy Press, 1990.

[15] CAMPELL E M. Nova target physics program and the Nova upgrade laser[J]. Journal of Fusion Energy, 1991, 10(4): 277-293.

[16] 斯涅戈夫. 苏联原子弹之父库尔恰托夫[M]. 胡显, 吴莹, 照宇, 译. 北京: 中国原子能出版社, 1991.

[17] 布卢姆伯格, 欧文斯. 美国氢弹之父特勒[M]. 华君铎, 赵淑云, 译. 北京: 中国原子能出版社, 1991.

[18] COLLINS G W, MAPOLES E R, UNITES W G, et al. Structure of vapor deposited solid hydrogen crystals[R]. Livermore: Lawrence Livermore National Laboratory, 1994.

[19] 成金秀, 丁耀南, 何海恩, 等. 时空分辨透射光栅谱仪及其应用[J]. 核聚变与等离子体物理, 1995, 15(1): 55-58.

[20] 王淦昌. 激光惯性约束核聚变(IFC)最近进展简述[J]. 核科学与工程, 1997, 17(3): 266-269.

［21］ ORTH C D, BEACH R, BIBEAU C, et al. Progress in designing the DPSSL for LLNL's project mercury[R]. Lawrence Livermore National Laboratory, 1997.

［22］ DA SILVA L B, CELLIERS P, COLLINS G W, et al. Absolute equation of state measurements on shocked liquid deuterium up to 200 GPa(2 Mbar)[J]. Physical Review Letters, 1997, 78(3): 483-486.

［23］ ORTH C D, BEACH R J, BIBEAU C, et al. Design modeling of the 100 J diode-pumped-solid-state laser for project mercury[C]// The SPIE International Symposium on High-Power Laser and Applications. California: Solid State Lasers Ⅶ, 1998: 114-129.

［24］ 张杰. 浅谈惯性约束核聚变[J]. 物理, 1999(3): 142.

［25］ 春雷. 核武器概论[M]. 北京: 中国原子能出版社, 2000.

［26］ MOSES E. National ignition facility project execution plan[R]. Livermore: Lawrence Livermore National Laboratory, 2000.

［27］ MOSES E. Report of the national ignition facility target physics program review committee[R]. Livermore: Lawrence Livermore National Laboratory, 2000.

［28］ TELLER, BETHE. Memoirs: A twentieth-century journey in science and politics[J]. Physics Today, 2011(54): 55-56.

［29］ 经福谦, 陈俊祥, 华欣生. 揭开核武器的神秘面纱[M]. 北京: 清华大学出版社, 2002.

［30］ CRANDALL D. Inertial confinement fusion ignition and high yield campaign[Z]. Fusion Power Associates, 2003.

［31］ 孙景文. 高温等离子体X射线谱学[M]. 北京: 国防工业出版社, 2003.

［32］ CAIRD J A, BONLIE J D, BRITTEN J A, et al. Janus Intense Short Pulse (ISP), the next ultrahigh intensity laser at LLNL[R]. Livermore: Lawrence Livermore National Laboratory, 2004.

［33］ LINDL J D, AMENDT P, BERGER R L, et al. The physics basis for ignition using indirect-drive targets on the National Ignition Facility[J]. Physics of Plasmas, 2004, 11(2): 339.

［34］ ATZENI S, MEYER J. The physics of inertial fusion[M]. Oxford: Oxford University Press, 2004.

［35］ DEWALD E L, CAMPBELL K M, TURNER R E, et al. Dante soft X-ray power diagnostic for National Ignition Facility[J]. Review of Scientific Instruments, 2004, 75(10): 3759.

［36］ MCKENTY P W, SANGSTER T C, ALEXANDER M, et al. Direct-drive cryogenic target implosion performance on OMEGA[J]. Physics Plasmas, 2004, 11: 2790-2797.

［37］ 江海燕, 储德林. 聚变能和受控核聚变研究简史[J]. 现代物理知识, 2004, 16(5): 17-18.

［38］ 杨菁. 高功率固体激光装置的优化设计及综合评估方法研究[D]. 济南: 山东大学, 2005.

［39］ HAMMER D, BILDSTEN L, ABARBANEL H, et al. NIF ignition[R]. JASON Program, 2005.

［40］ 江少恩, 于燕宁. 用于神光II激光装置的X光针孔相机[J]. 科学技术与工程, 2005, 5(22): 1713-1715.

［41］ National Nuclear Security Administration. National ignition campaign execution plan[R]. Washington: US Department of Energy, 2005.

［42］ GOODIN D T, ALEXANDER N B, BESENBRUCH G E, et al.

Developing a commercial production process for 500000 targets per day: A key challenge for inertial fusion energy[J]. Physics of Plasmas, 2006, 13(5): 56305-56308.

［43］ 王淦昌. 人造小太阳: 受控惯性约束聚变[M]. 北京: 清华大学出版社, 2000.

［44］ VELARDE G, SANTAMARIA N C. Inertial confinement nuclear fusion: a historical approach by its pioneers[M]. London: Foxwell and Davies Scientific Publishers, 2007.

［45］ BOZEK A S, ALEXANDER N B, BITTNER D, et al. The production and delivery of inertial fusion energy power plant fuel: the cryogenic target[J]. Fusion Engineering and Design, 2007, 82: 2171-2175.

［46］ 麦克拉肯, 斯托特. 宇宙能源——聚变[M]. 核工业西南物理研究院, 译. 北京: 中国原子能出版社, 2008.

［47］ 韦敏习, 杨国洪. 硬X射线透射弯晶谱仪[J]. 强激光与粒子束, 2008, 20(9): 1491-1494.

［48］ 萨尔科夫. 惯性约束核聚变现状与能源前景[M]. 华欣生, 霍广盛, 陶益之, 译. 北京: 中国原子能出版社, 2008.

［49］ 彭先觉, 华欣生. 快Z-箍缩: 有前景的聚变能源新途径[J]. 中国工程科学, 2008(1): 47-53.

［50］ MOIR R, BROWN N, CARO A, et al. LIFE materails: molten-salt fuels[R]. Livermore: Lawrence Livermore National Laboratory, 2008.

［51］ MILES R, BIENER J, KUCHEYEV S, et al. LIFE target fabrication research plan[R]. Livermore: Lawrence Livermore National Laboratory, 2008.

［52］ FARMER J. Options for burning LWR SNF in LIFE engine[R]. Livermore: Lawrence Livermore National Laboratory, 2008.

［53］ FARMER J C, BLINKl J A, SHAW H F. LIFE vs. LWR: end of the fuel cycle[R]. Livermore: Lawrence Livermore National Laboratory, 2008.

［54］ 朱少平. 浅谈科学计算[J]. 物理, 2009, 38(8): 545-551.

［55］ 莫则尧, 裴文兵. 科学计算应用程序探讨[J]. 物理, 2009, 38(8): 552-558.

［56］ 裴文兵, 朱少平. 激光聚变中的科学计算[J]. 物理, 2009, 38(8): 559-568.

［57］ 江少恩, 丁永坤, 缪文勇, 等. 我国激光惯性约束聚变实验研究进展[J]. 中国科学(G辑: 物理学力学天文学), 2009, 39(11): 1571-1583.

［58］ MOSES E I, BOYD R N, REMINGTON B A, et al. The national ignition facility-ushering in a new age for high energy density science[J]. Physics of Plasmas, 2009(16): 41006-41018.

［59］ MOSES E I. Ignition on the national ignition facility: a path towards inertial fusion energy[J]. Nuclear Fusion, 2009(49): 104022.

［60］ 华欣生, 彭先觉. 快Z箍缩等离子体研究与能源前景[J]. 强激光与粒子束, 2009(6): 801-807.

［61］ COLLIER J. Hiper[C]//5th High Energy Class Diode Pumped Solid State Laser Workshop, 2009.

［62］ GSPONER A, HURNI J P. The physical principles of thermonuclear explosives, inertial confinement fusion, and the quest for fourth generation nuclear weapons[R]. Geneva: Independent Scientific Research Institute, 2009.

［63］ MEADE D. 50 years of fusion research[J]. Nuclear Fusion, 2010,

50(1): 14004.

[64] 范滇元, 张小民. 激光核聚变与高功率激光: 历史与进展[J]. 物理, 2010, 39(9): 589-596.

[65] LI Z C, JIANG X H, LIU S Y, et al. A novel flat-response X-ray detector in the photon energy range of 0.1-4 keV[J]. Review of Scientific Instruments, 2010, 81(7): 0034-6748.

[66] KIMBROUGH J R, BELL P M, BRADLEY D K, et al. Standard design for national ignition facility X-ray streak and framing cameras[J]. Review of Scientific Instruments, 2010, 81(10): 34-67.

[67] MALONE R M, COX B C, EVANS S C, et al. Design and construction of a gamma reaction history diagnostic for the national ignition facility[J]. Journal of Physics, 2010, 244(3): 32052.

[68] GLEBOV V Y, SANGSTER T C, STOECKL C, et al. The national ignition faciltiy neutron time-of-flight system and its initial performance[J]. The Review of Scientific Instruments, 2010, 81: 10D325.

[69] FRENJE J A, CASEY D T, LI C K, et al. Probing high areal-density cryogenic deuterium-tritium implosions using downscattered neutron spectra measured by the magnetic recoil spectrometer[J]. Physics of Plasmas, 2010, 17(5): 56311.

[70] DUNNE M, MOSES E I, AMENDT P, et al. Timely delivery of laser inertial fusion energy (LIFE)[J]. Fusion Science and Technology, 2011, 60(1): 19-27.

[71] MALSBURY T N, ATKINSON D P, BRUGMAN V P, et al. Fabrication and test of the NIF cryogenic target system[C]//19th Target Fabrication Meeting, 2010.

［72］ GARREC B L, NOVARO M, TYLDESLEY, et al. HiPER laser reference design[J]. Proceeding of SPIE, 2011, 8080(80801V): 1-9.

［73］ 葛全胜, 方修琦. 中国碳排放的历史与现状[M]. 北京: 气象出版社, 2011.

［74］ BAYRAMIAN A, ACEVES S, ANKLAM T, et al. Compact, efficient laser systems required for laser inertial fusion energy[J]. Fusion Science and Technology, 2011, 60(1): 28-48.

［75］ 普法勒. 惯性约束聚变导论[M]. 崔旭东, 译. 北京: 中国原子能出版社, 2011.

［76］ 刘仔莉. 托卡马克装置中性束的光谱诊断研究[D]. 成都: 电子科技大学, 2011.

［77］ FEELER R, JUNGHANS J, STEPHENS E. Low-cost diode arrays for the LIFE project[J]. Proceedings of SPIE, 2011, 7916(08): 1-7.

［78］ LATKOWSKI J F, ABBOTT R P, ACEVES S, et al. Chamber design for the Laser Inertial Fusion Energy (LIFE) engine[J]. Fusion Science and Technology, 2011, 60(1): 54-60.

［79］ 彭晓世, 王峰, 唐道润, 等. 聚变反应历程测量系统研制及应用[J]. 光学学报, 2011, 31(1): 137-142.

［80］ MILES R, SPAETH M, MANES K, et al. Challenges surrounding the injection and arrival of targets at LIFE fusion chamber center[J]. Fusion Science and Technology, 2011, 60(1): 61-65.

［81］ SHINSUKE FUJIOKA, HIROSHI AZECHI, HIROYUKI SHIRAGA, et al. Fast ignition integrated experiments on GEKKO-LFEX laser facility[J]. IEEE/INPSS Symposium on Fusion Engineering, 2011: 472-475.

［82］ ALGER E T, KROLL J, DZENITIS E G, et al. NIF target assembly metrology and results[J]. Fusion Science and Technology, 2011, 59(1): 78-86.

[83] DERI B. Laser inertial fusion: pathway to clean energy[Z]. Presentation to OSA-Rochester section annual dinner, 2011.

[84] BAYRAMIAN A, ACEVES S, ANKLAM T, et al. Compact, efficient laser systems required for laser inertial fusion energy[J]. Fusion Science and Technology, 2011, 60(1): 28-48.

[85] 温树槐, 丁永坤. 激光惯性约束聚变诊断学[M]. 北京: 国防工业出版社, 2012.

[86] HAAN S W, ATHERTON J, CLARK D S, et al. NIF ignition campaign target performance and requirements: status may 2012[R]. Livermore: Lawrence Livermore National Laboratory, 2012.

[87] GUO L, LI S, ZHENG J, et al. A compact flat-response X-ray detector for the radiation flux in the range from 1.6 keV to 4.4 keV[J]. Measurement Science and Technology, 2012, 23(6): 065902.

[88] COOPER G W, RUIZ C L, LEEPER R J, et al. Copper activation deuterium-tritium neutron yield measurements at the national ignition facility[J]. Review of Scientific Instruments, 2012, 83(10): 10D918.

[89] YEAMANS C B, BLEUEL D L, BERNSTEIN L A. Enhanced NIF neutron activation diagnostics[J]. Review of Scientific Instruments, 2012, 83(10): 10D315.

[90] SEGUIN F H, SINENIAN N, ROSENBERG M, et al. Advances in compact proton spectrometers for inertial-confinement fusion and plasma nuclear science[J]. Review of Scientific Instruments, 2012,

83(10): 10D908.

［91］ DEAN S O. Search for the ultimate energy source-A history of the US fusion energy program[M]. Berlin: Springer, 2013.

［92］ 刘成安, 师学明. 美国激光惯性约束聚变能源研究综述[J]. 原子核物理评论, 2013, 30(1): 89-93.

［93］ 杨正华, 陈伯伦, 韦敏习, 等. 高分辨球面弯晶单色成像系统研制与应用[J]. 强激光与粒子束, 2013, 25(9): 2267-2269.

［94］ WOLFORD M F, SETHIAN J D, MYERS M C, et al. Krypton fluoride (KrF) laser driver for inertial fusion energy[J]. Fusion science and technology, 2013, 64(2): 179-186.

［95］ US National Research Council of National Academies. An assessment of the prospects for inertial fusion energy[M]. Washington: The national Academies Press, 2013.

［96］ 周炳琨, 高以智, 陈倜嵘, 等. 激光原理[M]. 7版. 北京: 国防工业出版社, 2014.

［97］ 伍亚. 能源需求和碳排放: 驱动因素与政策选择[M]. 北京: 经济管理出版社, 2014.

［98］ LINDL J D, LANDEN O, EDWARDS J, et al. Review of the national ignition campaign 2009-2012[J]. Physics of Plasmas, 2014, 21(2): 020501.

［99］ Sandia National Laboratory. Labs accomplishments[R/OL]. https: //www. sandia. gov/app/uploads/sites/165/2022/03/lab_ accomplish_2014. pdf.

［100］ MEIER W R, DUNNE A M, KRAMER K J, et al. Fusion technology aspects of laser inertial fusion energy (LIFE)[J]. Fusion Engineering and Design, 2014, 89(9-10): 2489-2492.

［101］ PICKWORTH L A, MCCARVILLE T, DECKER T, et al. A Kirkpatrick-Baez microscope for the national ignition facility[J]. Review of Scientific Instruments, 2014, 85(1): 11D611.

［102］ HURRICANE O A, CALLAHAN D A, CASEY D T, et al. The high-foot implosion campaign on the national ignition facility[J]. Physics of Plasmas, 2014, 21(5): 56314.

［103］ 李杰信. 宇宙起源[M]. 北京: 科学普及出版社, 2015.

［104］ 杨冬, 李三伟, 李志超, 等. 神光Ⅲ原型黑腔物理实验研究[J]. 强激光与粒子束, 2015, 27(3): 123-136.

［105］ 克利里. 一瓣太阳[M]. 石云里, 译. 上海: 上海教育出版社, 2015.

［106］ 罗德隆. 国际核聚变能源研究现状与前景[M]. 北京: 中国原子能出版社, 2015.

［107］ Sandia National Laboratory. Labs accomplishments[R/OL]. https: // www. sandia. gov/news/publications/labs-accomplishments/issue/march-2015/.

［108］ 王峰, 彭晓世, 闫亚东, 等. 基于神光Ⅲ主机的背向散射光诊断技术[J]. 中国激光, 2015, 42(9): 87-93.

［109］ LAN K, LIU J, LI Z C, et al. Progress in octahedral spherical hohlraum study[J]. Matter and Radiation at Extremes, 2016, 1(1): 8-27.

［110］ 郝建中. 能源与空气污染: 世界能源展望特别报告[J]. 辐射防护通讯, 2016, 36(4): 42.

［111］ 杜鹏远. ICF高功率KrF准分子自发辐射放大脉冲整形及稳定性研究[D]. 哈尔滨: 哈尔滨工业大学, 2016.

［112］ 塞飞. 瓶中的太阳: 核聚变的怪异历史[M]. 隋竹梅, 译. 上海: 上海科技教育出版社, 2016.

［113］KUANG L Y, LI H, JING L F, et al. A novel three-axis cylindrical hohlraum designed for inertial confinement fusion ignition[J]. Scientific Reports, 2016, 6: 34636.

［114］LI X, WU C S, DAI Z S, et al. A new ignition hohlraum design for indirect-drive inertial confinement fusion[J]. Chinese Physics B, 2016, 25(8): 256-260.

［115］ZHANG L, DING Y K, LIN Z W, et al. Demonstration of enhancement of x-ray flux with foam gold compared to solid gold[J]. Nuclear Fusion, 2016, 56(3): 36006.

［116］ROZANOV V B, GUS'KOV S Y, VERGUNOVA G A. Direct drive targets for the megajoule facility UFL-2M[J]. Journal of Physics, 2016, 688: 12095.

［117］Sandia National Laboratory. Labs accomplishments[R/OL]. https: // www. sandia. gov/news/publications/labs-accomplishments/issue/ march-2016/.

［118］KILKENNY J D, BELL P M, BRADLEY D K, et al. The national facility diagnostic set at the completion of the national ignition campaign, september 2012[J]. Fusion Science and Technology, 2016, 69(1): 420-451.

［119］SPAETH M L, MANES K R, KALANTAR D H, et al. Description of the NIF laser[J]. Fusion Science and Technology, 2016, 69(1): 25-145.

［120］National Nuclear Security Administration. 2016 Inertial confinement fusion program framework[R]. Washington: National Nuclear Security Administration, 2016.

［121］万宝年. 人造太阳: EAST全超导托卡马克核聚变实验装置[M]. 杭

州: 浙江教育出版社, 2017.

［122］孙兆轩. ITER钨铜穿管模块高热负荷测试及有限元模拟[D]. 合肥: 中国科学技术大学, 2017.

［123］Sandia National Laboratory. Labs accomplishments[R/OL]. https: // www. sandia. gov/news/publications/labs-accomplishments/issue/ news-publications-lab-accomplishments-articles-2017/.

［124］魏晓峰, 郑万国, 张小民. 中国高功率固体激光技术发展中的两次突破[J]. 物理, 2018, 47(2): 73-83.

［125］蒲昱东, 黄天晅, 缪文勇, 等. 间接驱动内爆物理实验研究进展[J]. 中国科学(物理学·力学·天文学), 2018, 48(6): 41-51.

［126］李三伟, 杨冬, 李志超, 等. 我国激光间接驱动黑腔物理实验研究进展[J]. 中国科学(物理学·力学·天文学), 2018, 48(6): 7-24.

［127］GUO L, YI T M, REN G L, et al. Experimental and simulation studies on radiative properties of uranium planar target coated with an ultrathin aluminum layer[J]. Nuclear Fusion, 2018, 58(2): 26020.

［128］ROSS J S, et al. Experimental results of indirectly-driven ICF implosions in the I-Raum[C]//The 60th Annual Meeting of the American Physical Society, Division of Plasma Physics(APS DPP), 2018.

［129］Sandia National Laboratory. Labs accomplishments[R/OL]. https: // www. sandia. gov/LabNews.

［130］NJEMA F. Addressing the challenges ahead in HEDP and ICF[C]// The 45th IEEE International Conference on Plasma Science(ICOPS), 2018.

［131］王峰, 关赞洋, 理玉龙, 等. 基于神光Ⅲ装置的光学诊断系统介绍[J]. 中国科学(物理学·力学·天文学), 2018, 48(6): 52-62.

［132］焦晓静, 孙凤举, 杨海亮. 美国快Z箍缩装置的建设、应用与发展规划[J]. 现代应用物理, 2018, 9(1): 28-37.

［133］BISHOP B. NIF celebrates a decade of operations. [EB/OL]. [2019-08-13]. https: //www. llnl. gov/news/nif-celebrates-decade-operations.

［134］李敏, 钱伯章. 能源需求快速增长背后现危机: 2019年世界能源统计年鉴解读[J]. 中国石油和化工经济分析, 2019(8): 51-55.

［135］孙凤举, 邱爱慈, 魏浩, 等. 快Z箍缩百太瓦级脉冲驱动源概念设计的发展[J]. 现代应用物理, 2019, 8(2): 15-26.

［136］PING Y, SMALYUK V, AMENDT P, et al. Tripling the energy coupling efficiency from hohlraum to capsule on NIF[R]. Livermore: Lawrence Livermore National Laboratory, 2019.

［137］潘冬梅. 多束流ADS和聚变中子源特性研究[D]. 合肥: 中国科学技术大学, 2019.

［138］彭先觉, 刘成安, 师学明. 核能未来与Z箍缩驱动聚变裂变混合堆[M]. 北京: 国防工业出版社, 2019.

［139］MIQUEL J L, PRENE E. LMJ & PETAL status and program overview[J]. Nuclear Fusion, 2019, 59(3): 32005.

［140］JIANG S E, WANG F, DING Y K, et al. Experimental progress of inertial confinement fusion based at the ShenGuang-III laser facility in China[J]. Nuclear Fusion, 2019, 59(3): 32006.

［141］陈家乾. 图说相对论[M]. 北京: 中国华侨出版社, 2020.

［142］HALL G N, KRAULAND C M, SCHOLLMEIER M S, et al. The crystal backlighter imager: a spherically bent crystal imager for radiography on the national ignition facility[J]. Review of Scientific Instruments, 2019, 90(1): 13702.

［143］Lawrence Livermore National Laboratory. Laser indirect drive input to NNSA 2020 report[R]. Livermore: Lawrence Livermore National Laboratory, 2020.

［144］李鹏, 黎明, 吴岱, 等. 我国自由电子激光技术发展战略研究[J]. 中国工程科学, 2020, 22(3): 35-41.

［145］肖德龙, 丁宁, 王冠琼, 等. Z箍缩聚变及高能量密度应用研究进展[J]. 强激光与粒子束, 2020, 32(9): 70-81.

［146］PALANIYAPPAN S, SAUPPE J P, TOBIAS B J, et al. Hydro-scaling of direct-drive cylindrical implosions at the OMEGA and the national ignition facility[J]. Physcis of Plasmas, 2020, 27(4): 42708.

［147］CLERY D. Laser fusion reactor approaches burning plasma milestone[J]. Science, 2020, 370(6520): 1019-1020.

［148］KRITCHER A. Intial results from the HYBRID-E DT experiment N210808 with >1.3 MJ yield[R]. Livermore: Lawrence Livermore National Laboratory, 2021.

［149］BISHOP B. National Ignition Facility experiment puts researchers at threshold of fusion ignition[EB/OL]. [2021-08-18]. https: // www. llnl. gov/news/national-ignition-facility-experiment-puts-researchers-threshold-fusion-ignition.